Smn 173—19

Schwald A.

Über das asymptotische Verhalten der Anzahl von k-tupeln linear unabhängiger Gitterpunkte

Von

Andreas Schwald (Wien)

Aus den
Sitzungsberichten der Österreichischen Akademie der Wissenschaften
Mathem.-naturw. Klasse, Abteilung II, 173. Bd., 9. bis 10. Heft, 1965

1965

Springer-Verlag Wien GmbH

ISBN 978-3-662-22953-8   ISBN 978-3-662-24895-9 (eBook)
DOI 10.1007/978-3-662-24895-9

Die in den Sitzungsberichten Abt. I und Abt. II der math.-nat. Klasse der Österr. Akad. d. Wiss. erscheinenden Abhandlungen werden auch einzeln abgegeben. Sie können durch jede Buchhandlung oder direkt durch die Auslieferungsstelle der Österreichischen Akademie der Wissenschaften (Wien I, Singerstraße 12) bezogen werden.

Nachfolgende Abhandlungen aus den Fächern **Mathematik** und **Technik** sind erschienen:

1950 (1950) (S II a, Bd. 159):

Hohenberg F.: Zur Geometrie des Funkmeßbildes (mit 2 Abbildungen). 14 Seiten. S 12.40
Jarosch W.: Matrizenbänder, 14 Seiten. S 5.20
Schmid H.: Fehlertheorie der gegenseitigen Orientierung von Luftbildern und Zugrundelegung eines Orientierungspunktgitters (mit 13 Abbildungen), 31 Seiten. S 28.40

1951 (S II a, Bd. 160):

Hohenberg F.: Komplexe Erweiterung der gewöhnlichen Schraubenlinie (mit 1 Abbildung), 14 Seiten. S 7.80
Huber A.: Das Verhalten der Integrale der Gibbs-Duhem-Margules'schen Gleichung für binäre Gemische in der Umgebung ihrer festen singulären Stellen (mit 3 Abbildungen), 16 Seiten. S 10.50
Krames J.: Zur Geometrie der gegenseitigen Einpassung von Luftaufnahmen (mit 4 Abbildungen), 15 Seiten. S 7.--
Parkus H.: Wärmespannungen in Rotationsschalen mit drehsymmetrischer Temperaturverteilung (mit 1 Abbildung), 13 Seiten. S 7.50
Ströher W.: Zur projektiven Differentialgeometrie ebener Kurven, 8 Seiten. S 6.--
Wunderlich W.: Zur Differenzengeometrie der Flächen konstanter negativer Krümmung (mit 8 Abbildungen), 38 Seiten. S 16.--

1952 (S II a, Bd. 161):

Federhofer K.: Über die Eigenschwingungen der Kreiszylinderschale mit veränderlicher Wandstärke, 16 Seiten. S 14.80

1953 (S II a, Bd. 162):

Nöbauer W.: Über Gruppen von Restklassen nach Restpolynomidealen. S 19.40
Vietoris L.: Der Richtungsfehler einer durch das Adamssche Interpolationsverfahren gewonnenen Näherungslösung einer Gleichung $y' = f(x, y)$. S 8.80
Vietoris L.: Der Richtungsfehler einer durch das Adamssche Interpolationsverfahren gewonnenen Näherungslösung eines Systems von Gleichungen $y'_k = f_k(x, y_1, y_2 \ldots y_m)$. S 8.80
Wunderlich W.: Über die ebenen Loxodromen (mit 2 Abbildungen). S 6.30

1954 (S II, Bd. 163):

Federhofer K.: Die durch pulsierende Axialkräfte gedrückte Kreiszylinderschale. S 13.40
Raher W. und Selig F.: Die Verwendung der Motorsymbolik in der theoretischen Mechanik S 17.80

1955 (S IIa, Bd. 164):

Federhofer K.: Zur Kinematik des Schleifkurvengetriebes (mit 5 Abbildungen). S 11.--
Ströher W.: Über einen gewissen Typus von Differentialinvarianten der projektiven und der apollonischen Gruppe der Ebene. S 28.40
Wunderlich W.: Doppelloxodromen mit schneidendem Achsenpaar (mit 6 Abbildungen). S 22.50

Über das asymptotische Verhalten der Anzahl von k-tupeln linear unabhängiger Gitterpunkte

Von

Andreas Schwald (Wien)

(Vorgelegt in der Sitzung am 9. Oktober 1964)

Für die wertvollen Anregungen und Hinweise, die für das Zustandekommen dieser Arbeit eine große Hilfe waren, möchte ich meinem geschätzten Lehrer, Herrn Dozenten Dr. Wolfgang Schmidt, meinen aufrichtigen Dank aussprechen.

Einleitung

S sei eine Borel-meßbare Menge im R_n ($n > 1$) mit endlichem Volumen $V(S)$. Für ein festes k, $1 \leq k < n$, soll $L(S)$ die Anzahl der k-tupel linear unabhängiger Gitterpunkte des natürlichen Gitters Λ in S bedeuten. (Λ besteht aus allen Punkten mit ganzzahligen Koordinaten.) Für die Anzahl der k-tupel linear unabhängiger primitiver Gitterpunkte (das sind Gitterpunkte, deren Koordinaten zueinander relativ prim sind) in S schreiben wir $P(S)$, für die Anzahl der k-tupel, die sich zu einer Basis von Λ ergänzen lassen, $B(S)$.

In dieser Arbeit soll das asymptotische Verhalten von $L(S)$, $P(S)$ und $B(S)$ für $V(S) \to \infty$ untersucht werden. Zu diesem Zweck definieren wir die „Diskrepanz" $D(S)$ durch

$$D(S) = |\, k!\, L(S) \cdot V(S)^{-k} - 1\,|$$

und analog für $P(S)$ und $B(S)$

$$E(S) = |\, k!\, P(S) \cdot \zeta(n)^k \cdot V(S)^{-k} - 1\,|$$

$$F(S) = \left| k!\, B(S) \cdot \prod_{j=0}^{k-1} \zeta(n-j) \cdot V(S)^{-k} - 1 \right|$$

$\zeta(n) = \sum_{r=1}^{\infty} r^{-n}$ ist die Riemannsche Zetafunktion.

Φ sei eine Familie von Borelmengen, die folgende Bedingungen erfüllen:

a) Ist $S \in \Phi$, $T \in \Phi$, dann ist $S \subseteq T$ oder $T \subseteq S$.

b) Es gibt $S \in \Phi$ mit beliebig großem $V(S)$.

Schließlich soll $\psi(s)$ eine positive, monoton nicht abnehmende Funktion sein, definiert für $s \geq 0$, deren Integral $\int_0^{\infty} \psi^{-1}(s)\, ds$ existiert.

Satz 1:

Sei $n > 2$, $1 < k < \dfrac{n}{2}$. Dann gilt für fast alle linearen Transformationen A („fast alle" im Sinne der durch $ds^2 = \sigma(dA'\, dA) = \sum_{i,j=1}^{n} (da_{ij})^2$ eingeführten Euklidischen n^2-dimensionalen Metrik), falls $S \in \Phi$:

$$D(AS) = 0\,[V^{-1/2} \cdot \log^{1/2} V \cdot \psi^{1/2}(\log V)]$$
$$E(AS) = 0\,[V^{-1/2} \cdot \log^{1/2} V \cdot \psi^{1/2}(\log V)]$$
$$F(AS) = 0\,[V^{-1/2} \cdot \log^{1/2} V \cdot \psi^{1/2}(\log V)]$$

Satz 2:

Sei $n > 2$, $1 \leq k \leq n-1$. Dann gilt für fast alle linearen Transformationen A, falls $S \in \Phi$:

$$D(AS) = 0\,[V^{-1/2} \cdot \log V \cdot \psi^{1/2}(\log V)]$$
$$E(AS) = 0\,[V^{-1/2} \cdot \log V \cdot \psi^{1/2}(\log V)]$$

0 ist das Landausche 0-Symbol.

$D(AS) = 0\,[V^{-1/2} \cdot \log V \cdot \psi^{1/2}(\log V)]$ bedeutet also: Für fast alle Matrizen A gibt es Konstanten $c_1(A)$, $c_2(A)$, so daß

$$D(AS) \leq c_1(A) \cdot V^{-1/2} \cdot \log V \cdot \psi^{1/2}(\log V)$$

falls $V(S) \geq c_2(A)$ und $S \in \Phi$.

Satz 2 ist eine Verallgemeinerung von Theorem 1 in [8] für $k = 1$.

Beim Beweis wird das von Siegel in [10] definierte Maß $\mu(A)$ im Raum der $n \times n$-Matrizen mit Determinante 1 benützt und der dort bewiesene Mittelwertsatz angewandt. Da die Verallgemeinerung des Siegelschen Mittelwertsatzes für $k = n$ nicht mehr gilt, ist die Untersuchung des Mittelwertes von

$$\sum \begin{bmatrix} g_1 \ldots g_n \in \Lambda \\ \text{lin. unabh.} \end{bmatrix} \rho(A g_1) \cdot \rho(A g_2) \ldots \rho(A g_n)$$

der erste Schritt, der zur Erweiterung von Satz 1 auf $k = \dfrac{n}{2}$ notwendig ist. In [7] wurde dieser Mittelwert in Form einer unendlichen Reihe dargestellt. Analog zu dieser Darstellung (Satz 4 in [7]) gilt für n-tupel primitiver Gitterpunkt folgende Formel:

$$\int_F \sum \begin{bmatrix} g_1 \ldots g_n \in \Lambda \\ \text{lin. unabh.} \\ \text{primitiv.} \end{bmatrix} \rho(A g_1) \cdot \rho(A g_2) \ldots \rho(A g_n) \, d\mu(A)$$
$$= \prod_{j=2}^{n} \zeta(j)^{-1} \sum_{k \neq 0} \frac{\pi_n(|k|)}{|k|^{n-1}} \cdot \int \ldots \int \int \ldots \int \rho(X_1) \cdot \rho(X_2) \ldots \rho(X_{n-1}) \cdot$$
$$\rho(t_1 X_1 + \ldots + t_{n-1} X_{n-1} + k X) \, dt_1 \ldots dt_{n-1} \, dX_1 \ldots dX_{n-1}$$

Hier bedeutet F einen Fundamentalbereich im Raum der $n \times n$-Matrizen mit Determinante 1, $(X_1, X_2, \ldots X_{n-1})$ ist ein $(n-1)$-tupel von linear unabhängigen Punkten im R_n, $X = X(X_1, \ldots X_{n-1})$ ist so gewählt, daß die Determinante $|X_1, \ldots X_{n-1}, X| = 1$. $dX_i = dx_{i1} \cdot dx_{i2} \ldots dx_{in}$ ist das Euklidische Volumelement im R_n, das Integral auf der rechten Seite ist $(n^2 - 1)$-dimensional.

$\pi_n(k)$ ist eine für $k \geq 1$, $n \geq 1$ definierte zahlentheoretische Funktion

$$\pi_1(k) = \begin{cases} 1 & \text{falls } k = 1 \\ 0 & \text{falls } k > 1 \end{cases}$$

$$\pi_n(k) = \sum_{d | k} p_n(d) \cdot \prod_{n-1}\left(\frac{k}{d}\right)$$

$$p_1(k) = \begin{cases} 1 & \text{falls } k = 1 \\ 0 & \text{falls } k > 1 \end{cases}$$

$$p_n(k) = \sum_{d|k} \varphi(d) \cdot \frac{k}{d} \cdot p_{n-1}\left(\frac{k}{d}\right)$$

$\varphi(d)$ ist die Eulersche φ-Funktion.

Man wird erwarten, daß der Mittelwert von

$$\sum \begin{bmatrix} g_1 \ldots g_n \in \Lambda \\ \text{lin. unabh.} \end{bmatrix} \rho(Ag_1) \ldots \rho(Ag_n)$$

von der Größenordnung V^n sein wird. In dieser Richtung konnte folgendes gezeigt werden:

$$\int_0^1 V^n \left\{ \int_F \sum \begin{bmatrix} g_1 \ldots g_n \in \Lambda \\ \text{lin. unabh.} \end{bmatrix} \rho(\nu^{1/n} A g_1) \ldots \rho(\nu^{1/n} A g_n) \, d\mu(A) \right\} d\nu$$

$$= V^n + O(V^{n-1} \cdot \log^2 V)$$

$$\int_0^1 V^n \left\{ \int_F \sum \begin{bmatrix} g_1 \ldots g_n \in \Lambda \\ \text{lin. unabh.} \\ \text{primitiv} \end{bmatrix} \rho(\nu^{1/n} A g_1) \ldots \rho(\nu^{1/n} A g_n) \, d\mu(A) \right\} d\nu$$

$$= V^n \cdot \zeta(n)^{-n} + O(V^{n-1} \cdot \log^4 V)$$

Beim Beweis von Satz 1 für $k = \frac{n}{2}$ wären diese Resultate als Analogon zum Siegelschen Mittelwertsatz zu verwenden. Im weiteren Verlauf wären Mittelwerte von Ausdrücken folgender Gestalt zu untersuchen:

$$\left(\sum \begin{bmatrix} g_1 \ldots g_{n/2} \in \Lambda \\ \text{lin. unabh.} \end{bmatrix} \rho(Ag_1) \ldots \rho(Ag_{n/2}) - V^{n/2}(AS) \right)^2$$

Die dabei auftretenden Schwierigkeiten konnten nicht gelöst werden, da eine Abschätzung von Integralen der Form

$$\int_F \sum \begin{bmatrix} g_1 \ldots g_n \in \Lambda \\ \text{lin. abhängig} \end{bmatrix} \rho(Ag_1) \ldots \rho(Ag_n) \, d\mu(A)$$

im allgemeinen nicht möglich ist, da dieses Integral divergent sein kann. Aus diesem Grund läßt sich Satz 1 nur für $k < \frac{n}{2}$ und Satz 2 nur für $k \leqq n - 1$ beweisen.

Es ist fraglich, ob das obige Integral abgeschätzt werden kann, wenn über das n-tupel $(g_1, \ldots g_n)$ speziellere Voraussetzungen gemacht werden. Über die Möglichkeit einer asymptotischen Darstellung von $B(AS)$ für $k \geq \dfrac{n}{2}$ ist ebenfalls nichts bekannt.

I. Beweis von Satz 1 ($n > 2k$).

§ 1. Im Raum der $n \times n$-Matrizen mit Determinante 1 wurde von Siegel in [10] das invariante Maß $\mu(A)$ definiert, das so nominiert ist, daß

$$\int_F d\mu(A) = 1$$

F ist ein Fundamentalbereich in diesem Raum bezüglich der Untergruppe der unimodularen Matrizen. Nach [10] ist $\mu(A)$ invariant bei der Anwendung einer unimodularen Transformation.

Siegel bewies für Riemann-integrierbare Funktionen im R_n folgende Mittelwertsformeln:

$$\int_F \sum \begin{bmatrix} g \in \Lambda \\ g \neq 0 \end{bmatrix} f(Ag) \, d\mu(A) = \int f(X) \, dX$$

$$\int_F \sum \begin{bmatrix} g \in \Lambda \\ \text{primitiv} \end{bmatrix} f(Ag) \, d\mu(A) = \zeta(n)^{-1} \int f(X) \, dX$$

Dabei ist $dX = dx_1 \, dx_2 \ldots dx_n$ das Euklidische Volumelement im R_n.

Die Verallgemeinerung dieses Mittelwertsatzes für k-tupel linear unabhängiger Gitterpunkte wurde in [10] angegeben und in [4], [5] und [7] für Borel-meßbare Funktionen gezeigt. Für $1 \leq k < n$ gilt

$$\int_F \sum \begin{bmatrix} g_1 \ldots g_k \in \Lambda \\ \text{lin. unabh.} \end{bmatrix} f(Ag_1, Ag_2, \ldots Ag_k) \, d\mu(A)$$

$$= \int \ldots \int f(X_1, X_2, \ldots X_k) \, dX_1 \, dX_2 \ldots dX_k$$

Nach Satz 14 in [9] gelten folgende Formeln, ebenfalls für $1 \leq k < n$:

$$\int_F \sum \begin{bmatrix} g_1 \ldots g_k \in \Lambda \\ \text{lin. unabh.} \\ \text{primitiv} \end{bmatrix} f(Ag_1, \ldots Ag_k) d\mu A$$

$$= \zeta(n)^{-k} \int \ldots \int f(X_1, \ldots X_k) dX_1 \ldots dX_k$$

$$\int_F \sum \begin{bmatrix} g_1 \ldots g_k \in \Lambda \\ \text{zu einer Basis} \\ \text{ergänzbar} \end{bmatrix} f(Ag_1, \ldots Ag_k) d\mu(A)$$

$$= \prod_{j=0}^{k-1} \zeta(n-j)^{-1} \int \ldots \int f(X_1, \ldots X_k) dX_1 \ldots dX_k$$

Wir wenden diese Gleichungen an auf die charakteristische Funktion $\rho(X)$ einer Borelmenge S mit dem Volumen $V(S) = V$. S soll den Ursprung 0 nicht enthalten. Es ergibt sich für $1 \leq k \leq n-1$

$$\int_F \sum \begin{bmatrix} g_1 \ldots g_k \in \Lambda \\ \text{lin. unabh.} \end{bmatrix} \rho(Ag_1) \ldots \rho(Ag_k) d\mu(A) = V^k \qquad (1)$$

$$\int_F \sum \begin{bmatrix} g_1 \ldots g_k \in \Lambda \\ \text{lin. unabh.} \\ \text{primitiv} \end{bmatrix} \rho(Ag_1) \ldots \rho(Ag_k) d\mu A = \frac{V^k}{\zeta(n)^k} \qquad (2)$$

$$\int_F \sum \begin{bmatrix} g_1 \ldots g_k \in \Lambda \\ \text{zu einer Basis} \\ \text{ergänzbar} \end{bmatrix} \rho(Ag_1) \ldots \rho(Ag_k) d\mu(A) = \frac{V^k}{\prod_{j=0}^{k-1} \zeta(n-j)} \qquad (3)$$

Allgemeiner gilt für feste Zahlen $\alpha_1, \ldots \alpha_k$:

$$\int_F \sum \begin{bmatrix} g_1 \ldots g_k \in \Lambda \\ \text{lin. unabh.} \end{bmatrix} \rho(\alpha_1 Ag_1) \ldots \rho(\alpha_k Ag_k) d\mu(A)$$

$$= \int \ldots \int \rho(\alpha_1 X_1) \ldots (\alpha_k X_k) dX_1 \ldots dX_k = \prod_{i=1}^{k} \alpha_i^{-n} \cdot V^k \qquad (1')$$

wegen $\dfrac{d(\alpha_i X_i)}{dX_i} = \dfrac{d(\alpha_i x_{i1})}{dx_{i1}} \cdot \dfrac{d(\alpha_i x_{i2})}{dx_{i2}} \ldots \dfrac{d(\alpha_i x_{in})}{dx_{in}} = \alpha_i^n$

und analog:

$$\int_F \sum \begin{bmatrix} g_1 \ldots g_k \in \Lambda \\ \text{lin. unabh.} \\ \text{primitiv} \end{bmatrix} \rho(\alpha_1 A y_1) \ldots \rho(\alpha_k A g_k) \, d\mu(A)$$
$$= \zeta(n)^{-k} \cdot \prod_{i=1}^{k} \alpha_i^{-n} \cdot V^k \tag{2'}$$

$$\int_F \sum \begin{bmatrix} g_1 \ldots g_k \in \Lambda \\ \text{zu einer Basis} \\ \text{ergänzbar} \end{bmatrix} \rho(\alpha_1 A g_1) \ldots \rho(\alpha_k A g_k) \, d\mu(A)$$
$$= \prod_{j=0}^{k-1} \zeta(n-j)^{-1} \cdot \prod_{i=1}^{k} \alpha_i^{-n} \cdot V^k \tag{3'}$$

§ 2. In [4] und [5] wurde folgender Satz bewiesen: Sei $f(X_1, \ldots X_k)$ eine nichtnegative Borel-meßbare Funktion im $n \cdot k$-dimensionalen Raum der Punkte $(X_1, \ldots X_k)$. Dann gilt für $1 \leq k \leq n-1$:

$$\int_F \sum_{X_j \in A\Lambda} f(X_1, \ldots X_k) \, d\mu(A) = f(0, \ldots 0)$$
$$+ \int \ldots \int f(X_1, \ldots X_k) \, dX_1 \ldots dX_k \tag{4}$$
$$+ \sum_{(\nu;\mu)} \sum_{q=1}^{\infty} \sum_D \left(\frac{N(D,q)}{q^m}\right)^n \int \ldots \int f\left(\sum_{i=1}^{m} \frac{d_{i1}}{q} X_i, \ldots \sum_{i=1}^{m} \frac{d_{ik}}{q} X_i\right) dX_1 \ldots dX_m$$

wobei beide Seiten den Wert $+\infty$ haben können. Die äußere Summe im letzten Ausdruck von [4] ist zu erstrecken über alle Einteilungen

$$(\nu; \mu) = (\nu_1, \ldots \nu_m; \mu_1, \ldots \mu_{k-m})$$

der Zahlen $1, 2, \ldots k$ in zwei Folgen

$$\nu_1, \nu_2, \ldots \nu_m \text{ und } \mu_1, \mu_2, \ldots \mu_{k-m} \tag{5}$$

mit $1 \leq m \leq k-1$, $\nu_i \neq \mu_j$ für $1 \leq i \leq m$, $1 \leq j \leq k-m$ und $1 \leq \nu_1 < \nu_2 < \ldots < \nu_m \leq k$, $1 \leq \mu_1 < \mu_2 < \ldots < \mu_{k-m} \leq k$.

Die innere Summe ist zu nehmen über alle $m \times k$-Matrizen D mit ganzen Elementen, die größten gemeinsamen Faktor relativ prim zu q haben, für die gilt:

$$D(\nu; \mu) = q \cdot I$$

$$\det D(\rho; \sigma) \leq \det D(\nu; \mu) \text{ für jedes } (\rho; \sigma), \tag{6}$$

$$(\rho; \sigma) = (\rho_1, \ldots \rho_m; \sigma_1, \ldots \sigma_{k-m})$$

$$\det D(\rho; \sigma) < \det D(\nu; \mu), \text{ falls } (\rho; \sigma) \prec (\nu; \mu).$$

Dabei bedeutet $D(\nu; \mu)$ die quadratische Untermatrix von D mit den Spalten $\nu_1, \nu_2, \ldots \nu_m$, I die $m \times m$-Einheitsmatrix und $\det D(\nu; \mu)$ den Absolutbetrag der Determinante von $D(\nu; \mu)$. $(\rho; \sigma) \prec (\nu; \mu)$ besagt, daß in den beiden Einteilungen $(\nu_1, \ldots \nu_m; \mu_1, \ldots \mu_{k-m})$, $(\rho_1, \ldots \rho_m; \sigma_1, \ldots \sigma_{k-m})$ für ein $j \leq m$ gilt:

$$\rho_1 = \nu_1, \ldots \rho_{j-1} = \nu_{j-1}, \rho_j < \nu_j.$$

Schließlich ist $N(D, q)$ die Anzahl der m-tupel ganzer Zahlen $(a_1, a_2, \ldots a_m)$ mit $0 \leq a_i < q$ und

$$\sum_{i=1}^{m} d_{ij} a_i \equiv 0 \pmod{q}. \tag{7}$$

Wenn $f(X_1, \ldots X_k)$ beschränkt ist und außerhalb eines beschränkten Bereiches verschwindet, dann sind beide Seiten von (4) endlich.

Dieser Satz soll auf $f(X_1, \ldots X_k) = \rho(X_1) \rho(X_2) \ldots \rho(X_k)$ angewendet werden.

$$\sum_{X_j \in \Lambda} \prod_{j=1}^{k} \rho(X_j) = \sum [g_1 \ldots g_k \in \Lambda] \rho(g_1) \rho(g_2) \ldots \rho(g_k)$$

$$= \sum \begin{bmatrix} g_1 \ldots g_k \in \Lambda \\ \text{lin. unabh.} \end{bmatrix} \rho(g_1) \rho(g_2) \ldots \rho(g_k)$$

$$+ \sum \begin{bmatrix} g_1 \ldots g_k \in \Lambda \\ \text{lin. abhängig} \end{bmatrix} \rho(g_1) \rho(g_2) \ldots \rho(g_k)$$

Nach der Voraussetzung, daß $0 \notin S$, ist $f(0, \ldots 0) = 0$, weiters ist nach (1)

$$\int \ldots \int \prod_{j=1}^{k} \rho(X_j) dX_1 \ldots dX_k = \int_F \sum \begin{bmatrix} g_1 \ldots g_k \in \Lambda \\ \text{lin. unabh.} \end{bmatrix} \rho(A g_1) \ldots \rho(A g_k) d\mu(A)$$

Das erste Integral auf der rechten Seite von (4) entspricht also den k-tupeln linear unabhängiger Gitterpunkte, und wir können schreiben

$$\int_F \sum \left[\begin{smallmatrix}g_1\ldots g_k \in \Lambda\\ \text{lin. abhängig}\end{smallmatrix}\right] \rho(Ag_1)\ldots\rho(Ag_k)\,d\mu(A) \tag{8}$$

$$= \sum_{(\nu;\mu)} \sum_{q=1}^{\infty} \sum_D \left(\frac{N(D,q)}{q^m}\right)^n \cdot \int\ldots\int \rho\left(\sum_{i=1}^m \frac{d_{i1}}{q} X_i\right)\ldots\rho\left(\sum_{i=1}^m \frac{d_{ik}}{q} X_i\right) dX_1\ldots dX_m$$

In [6] wird gezeigt, daß die Summe auf der rechten Seite konvergiert, falls es eine obere Schranke gibt für die Integrale, über die zu summieren ist.

Wir betrachten

$$\int\ldots\int \rho\left(\sum_{i=1}^m \frac{d_{i1}}{q} X_i\right)\cdot\rho\left(\sum_{i=1}^m \frac{d_{i2}}{q} X_i\right)\ldots\rho\left(\sum_{i=1}^m \frac{d_{ik}}{q} X_i\right) dX_1\ldots dX_m$$

für gegebenes $(\nu;\mu)$, q und D, wobei die Bedingungen des zitierten Satzes (5) und (6) erfüllt sein sollen. Für $0 < c_4 \leq V$ gilt:

$$\int\ldots\int \rho\left(\sum_{i=1}^m \frac{d_{i1}}{q} X_i\right)\ldots\rho\left(\sum_{i=1}^m \frac{d_{ik}}{q} X_i\right) dX_1\ldots dX_m \leq$$

$$\leq \int\ldots\int \prod_{j\in(\nu_1,\ldots\nu_m)} \rho\left(\sum_{i=1}^m \frac{d_{ij}}{q} X_i\right) dX_1\ldots dX_m \tag{9}$$

$$= \int\ldots\int \rho(X_1)\ldots\rho(X_m)\,dX_1\ldots dX_m = V^m \leq c_3 \cdot V^{k-1}$$

denn aus $D(\nu;\mu) = q\cdot I$ folgt, daß

$$\sum_{i=1}^m \frac{d_{ij}}{q} X_i = X_j \text{ für } j\in(\nu_1,\ldots\nu_m)$$

Nach Satz 2 in [6] ist die Summe

$$\sum_{(\nu;\mu)} \sum_{q=1}^{\infty} \sum_D \left(\frac{N(D,q)}{q^m}\right)^n \cdot c_3 \cdot V^{k-1}$$

konvergent, für $1 < k \leq n-1$ gilt also

$$\sum_{(\nu;\mu)} \sum_{q=1}^{\infty} \sum_{D} \left(\frac{N(D,q)}{q^m}\right)^n \cdot c_3 \cdot V^{k-1} < c_5 \cdot V^{k-1}$$

Wir formulieren das Ergebnis dieser Abschätzung als

Hilfssatz 1:

Für $n > 2$, $1 < k \leq n-1$ gilt folgende Ungleichung:

$$\int_F \sum \begin{bmatrix} g_1 \ldots g_k \in \Lambda \\ \text{lin. abhängig} \end{bmatrix} \rho(Ag_1) \ldots \rho(Ag_k) \, d\mu(A) < c_5 \cdot V^{k-1} \qquad (10)$$

Im folgenden Abschnitt wird Hilfssatz 1 in etwas allgemeinerer Form angewendet werden.

Für eine beliebige Konstante $\alpha > 0$ gilt, falls $n > 2$, $1 < k \leq n-1$:

$$\int_F \sum \begin{bmatrix} g_1 \ldots g_k \in \Lambda \\ \text{lin. abhängig} \end{bmatrix} \rho(\alpha A g_1) \ldots \rho(\alpha A g_k) \, d\mu(A) \\ < c_5 \cdot \alpha^{-n(k-1)} \cdot V^{k-1} \qquad (11)$$

Die Richtigkeit dieser Abschätzung ergibt sich genau so wie Hilfssatz 1, es ist in diesem Fall zu wählen

$$f(X_1, \ldots X_k) = \prod_{j=1}^{k} \rho(\alpha X_j)$$

und statt (9) erhält man

$$\int \ldots \int \rho\left(\sum_{i=1}^{m} \frac{d_{i1}}{q} X_i\right) \ldots \rho\left(\sum_{i=1}^{m} \frac{d_{ik}}{q} \alpha X_i\right) dX_1 \ldots dX_m$$
$$\leq \int \ldots \int \rho(\alpha X_1) \ldots \rho(\alpha X_m) \, dX_1 \ldots dX_m$$
$$= \alpha^{-m \cdot n} \cdot V^m < c_5 \cdot \alpha^{-m(k-1)} \cdot V^{k-1}.$$

§ 3. In [5] wird folgende Identität bewiesen:

$$\int_C \sigma(A) \, d(A) = c_6(n) \cdot \int_0^1 \nu^{n-1} \cdot \left\{ \int_F \sigma(\nu^{1/n} A) \, d\mu(A) \right\} d\nu \qquad (12)$$

Hier bedeutet C die Menge der $n \times n$-Matrizen A, die $\lambda A \in F$ für ein $\lambda \geqq 1$ erfüllen. Ist $A \in C$, so ist für $0 < \nu \leqq 1$ auch $\nu A \in C$. C bildet also im n^2-dimensionalen Raum der $n \times n$-Matrizen einen Kegel, der den Fundamentalbereich F mit dem Nullpunkt verbindet. $d(A)$ ist das Euklidische Volumelement in diesem Raum und $\sigma(A)$ eine Matrixfunktion, die bezüglich $d(A)$ integrierbar ist. $c_6(n)$ ist eine Konstante, die nur von n abhängt.

Hilfssatz 2:

Ist $\|A\|$ der Absolutbetrag der Determinante von A, dann gilt für $2k < n$:

$$\int_C \left(\sum \begin{bmatrix} g_1 \ldots g_k \in \Lambda \\ \text{lin. unabh.} \end{bmatrix} \rho(Ag_1) \ldots \rho(Ag_k) - \frac{V^k}{\|A\|^k} \right)^2 d(A) < c_7(n) \cdot V^{2k-1} \tag{13}$$

$$\int_C \left(\sum \begin{bmatrix} g_1 \ldots g_k \in \Lambda \\ \text{lin. unabh.} \\ \text{primitiv} \end{bmatrix} \rho(Ag_1) \ldots \rho(Ag_k) - \frac{V^k}{\zeta(n)^k \|A\|^k} \right)^2 d(A)$$
$$< c_7(n) \cdot V^{2k-1} \tag{14}$$

$$\int_C \left(\sum \begin{bmatrix} g_1 \ldots g_k \in \Lambda \\ \text{zu einer Basis} \\ \text{ergänzbar} \end{bmatrix} \rho(Ag_1) \ldots \rho(Ag_k) - \frac{V^k \cdot \|A\|^{-k}}{\prod_{j=0}^{k-1} \zeta(n-j)} \right)^2 d(A)$$
$$< c_7(n) \cdot V^{2k-1} \tag{15}$$

Beweis:

Zunächst zeigen wir mit Hilfe von (1), (2), (3) und (10):

$$\int_F \left(\sum \begin{bmatrix} g_1 \ldots g_k \in \Lambda \\ \text{lin. unabh.} \end{bmatrix} \rho(Ag_1) \ldots \rho(Ag_k) - V^k \right)^2 d\mu(A) < c_5 \cdot V^{2k-1} \tag{16}$$

$$\int_F \left(\sum \begin{bmatrix} g_1 \ldots g_k \in \Lambda \\ \text{lin. unabh.} \\ \text{primitiv} \end{bmatrix} \rho(Ag_1) \ldots \rho(Ag_k) - \frac{V^k}{\zeta(n)^k} \right)^2 d\mu(A)$$
$$< c_5 \cdot V^{2k-1} \tag{17}$$

$$\int_F \left(\sum \begin{bmatrix} g_1 \ldots g_k \in \Lambda \\ \text{zu einer Basis} \\ \text{ergänzbar} \end{bmatrix} \rho(Ag_1) \ldots \rho(Ag_k) - \frac{V^k}{\prod_{j=0}^{k-1} \zeta(n-j)} \right)^2 d\mu(A)$$
$$< c_5 \cdot V^{2k-1} \tag{18}$$

$$\int\limits_F \left(\sum \begin{bmatrix} g_1 \ldots g_k \in \Lambda \\ \text{lin. unabh.} \end{bmatrix} \rho(Ag_1) \ldots \rho(Ag_k) - V^k \right)^2 d\mu(A)$$

$$\leq \int\limits_F \sum \begin{bmatrix} g_1 \ldots g_{2k} \in \Lambda \\ \text{lin. unabh.} \end{bmatrix} \rho(Ag_1) \ldots \rho(Ag_{2k}) d\mu(A) + V^{2k}$$

$$+ \int\limits_F \sum \begin{bmatrix} g_1 \ldots g_{2k} \in \Lambda \\ \text{lin. abhängig} \end{bmatrix} \rho(Ag_1) \ldots \rho(Ag_{2k}) d\mu(A)$$

$$- 2 V^k \int\limits_F \sum \begin{bmatrix} g_1 \ldots g_k \in \Lambda \\ \text{lin. unabh.} \end{bmatrix} \rho(Ag_1) \ldots \rho(Ag_k) d\mu(A)$$

$$< V^{2k} + V^{2k} + c_5 \cdot V^{2k-1} - 2 \cdot V^{2k} = c_5 \cdot V^{2k-1}$$

Damit ist (16) gezeigt. (17) und (18) werden ebenso bewiesen.

$$\int\limits_F \left(\sum \begin{bmatrix} g_1 \ldots g_k \in \Lambda \\ \text{lin. unabh.} \\ \text{primitiv} \end{bmatrix} \rho(Ag_1) \ldots \rho(Ag_k) - \zeta(n)^{-k} \cdot V^k \right)^2 d\mu(A)$$

$$\leq \int\limits_F \sum \begin{bmatrix} g_1 \ldots g_{2k} \in \Lambda \\ \text{lin. unabh.} \\ \text{primitiv} \end{bmatrix} \rho(Ag_1) \ldots \rho(Ag_{2k}) d\mu(A) + \zeta(n)^{-2k} \cdot V^{2k}$$

$$- 2 \cdot V^k \cdot \zeta(n)^{-k} \cdot \int\limits_F \sum \begin{bmatrix} g_1 \ldots g_k \in \Lambda \\ \text{lin. unabh.} \\ \text{primitiv} \end{bmatrix} \rho(Ag_1) \ldots \rho(Ag_k) d\mu(A)$$

$$+ \int\limits_F \sum \begin{bmatrix} g_1 \ldots g_{2k} \in \Lambda \\ \text{lin. abhängig} \end{bmatrix} \rho(Ag_1) \ldots \rho(Ag_{2k}) d\mu(A)$$

$$< 2 \cdot V^{2k} \cdot \zeta(n)^{-2k} + c_5 \cdot V^{2k-1} - 2 \cdot V^{2k} \cdot \zeta(n)^{-2k} = c_5 \cdot V^{2k-1}$$

$$\int\limits_F \left(\sum \begin{bmatrix} g_1 \ldots g_k \in \Lambda \\ \text{zu einer Basis} \\ \text{ergänzbar} \end{bmatrix} \rho(Ag_1) \ldots \rho(Ag_k) - \prod_{j=0}^{k-1} \zeta(n-j)^{-1} \cdot V^k \right)^2 l\mu(A)$$

$$\leq \int\limits_F \sum \begin{bmatrix} g_1 \ldots g_{2k} \in \Lambda \text{ lin. unabh.} \\ g_1 \ldots g_k \\ g_{k+1} \ldots g_{2k} \end{bmatrix} \begin{matrix} \text{zu einer Basis} \\ \text{ergänzbar} \end{matrix} \rho(Ag_1) \ldots \rho(Ag_{2k}) d\mu(A)$$

$$+ \int\limits_F \sum \begin{bmatrix} g_1 \ldots g_{2k} \in \Lambda \\ \text{lin. abhängig} \end{bmatrix} \rho(Ag_1) \ldots \rho(Ag_{2k}) d\mu(A)$$

$$-2 \cdot V^k \cdot \prod_{j=0}^{k-1} \zeta(n-j)^{-1} \int_F \sum \begin{bmatrix} g_1 \ldots g_k \in \Lambda \\ \text{zu einer Basis} \\ \text{ergänzbar} \end{bmatrix} \rho(A g_1) \ldots \rho(A g_k) \, d\mu(A)$$

$$+ \prod_{j=0}^{k-1} \zeta(n-j)^{-2} \cdot V^{2k}$$

$$< \prod_{j=0}^{k-1} \zeta(n-j)^{-2} \cdot V^{2k} + c_5 \cdot V^{2k-1} + \prod_{j=0}^{k-1} \zeta(n-j)^{-2} \cdot V^{2k}$$

$$- 2 V^{2k} \prod_{j=0}^{k-1} \zeta(n-j)^{-2} = c_5 \cdot V^{2k-1}$$

Bei dieser Abschätzung wurde Satz 14 in [9] benützt, auf dem folgt

$$\int_F \sum \begin{bmatrix} g_1 \ldots g_{2k} & \text{lin. unabh.} \\ g_1 \ldots g_k & \bigg\} \text{zu einer Basis} \\ g_{k+1} \ldots g_{2k} & \bigg\} \text{ergänzbar} \end{bmatrix} \rho(A g_1) \ldots \rho(A g_{2k}) \, d\mu(A)$$

$$= \prod_{j=0}^{k-1} \zeta(n-j)^{-2} \cdot V^{2k}$$

Aus (16), (17) und (18) ergeben sich mit Hilfe von (11) und (12) die Behauptungen von Hilfssatz 2.

$$\int_C \left(\sum \begin{bmatrix} g_1 \ldots g_k \in \Lambda \\ \text{lin. unabh.} \end{bmatrix} \rho(A g_1) \ldots \rho(A g_k) - V^k \|A\|^{-k} \right)^2 d(A)$$

$$c_6(n) \cdot \int_0^1 \nu^{n-1} \left\{ \int_F \left(\sum \begin{bmatrix} g_1 \ldots g_k \in \Lambda \\ \text{lin. unabh.} \end{bmatrix} \rho(\nu^{1/n} A g_1) \ldots \rho(\nu^{1/n} A g_k) - \frac{V^k}{\nu^k} \right)^2 d\mu(A) \right\} d\nu$$

$$< c_7(n) \cdot \int_0^1 \nu^{n-1} \left(\frac{V^{2k-1}}{\nu^{2k-1}} \right) d\nu \leqq c_7(n) \cdot V^{2k-1}$$

Dabei wurde verwendet:

$$\int_F \sum \begin{bmatrix} g_1 \ldots g_{2k} \in \Lambda \\ \text{lin. unabh.} \end{bmatrix} \rho(\nu^{1/n} A g_1) \ldots \rho(\nu^{1/n} A g_{2k}) \, d\mu(A) = \frac{V^{2k}}{\nu^{2k}}$$

$$\int_F \sum \begin{bmatrix} g_1 \ldots g_{2k} \in \Lambda \\ \text{lin. abhängig} \end{bmatrix} \rho(\nu^{1/n} A g_1) \ldots \rho(\nu^{1/n} A g_{2k}) \, d\mu(A) < c_5 \frac{V^{2k-1}}{\nu^{2k-1}}$$

$$\int_F \left(\sum \begin{bmatrix} g_1 \ldots g_k \in \Lambda \\ \text{lin. unabh.} \end{bmatrix} \rho\,(\nu^{1/n} A g_1) \ldots \rho\,(\nu^{1/n} A g_k) - \frac{V^k}{\nu^k}\right)^2 d\mu\,(A) < c_5 \frac{V^{2k-1}}{\nu^{2k-1}}$$

Damit ist (13) bewiesen.

Die Beweise für (14) und (15) verlaufen analog.

$$\int_C \left(\sum \begin{bmatrix} g_1 \ldots g_k \in \Lambda \\ \text{lin. unabh.} \\ \text{primitiv} \end{bmatrix} \rho\,(A g_1) \ldots \rho\,(A g_k) - V^k \cdot \zeta(n)^{-k} \|A\|^{-k}\right)^2 d\,(A)$$

$$= c_6(n) \cdot \int_0^1 \nu^{n-1} \left\{ \int_F \left(\sum \begin{bmatrix} g_1 \ldots g_k \in \Lambda \\ \text{lin. unabh.} \\ \text{primitiv} \end{bmatrix} \rho\,(\nu^{1/n} A g_1) \ldots \rho\,(\nu^{1/n} A g_k) \right.\right.$$

$$\left.\left. - V^k \cdot \zeta(n)^{-k} \cdot \nu^{-k}\right)^2 d\mu(A) \right\} d\nu$$

$$< c_7(n) \cdot \int_0^1 \nu^{n-1} \left(\frac{V^{2k-1}}{\nu^{2k-1}}\right) d\nu \leqq c_7(n) \cdot V^{2k-1}$$

$$\int_C \left(\sum \begin{bmatrix} g_1 \ldots g_k \in \Lambda \\ \text{zu einer Basis} \\ \text{ergänzbar} \end{bmatrix} \rho\,(A g_1) \ldots \rho\,(A g_k) \right.$$

$$\left. - \prod_{j=0}^{k-1} \zeta(n-j)^{-1} \|A\|^{-k} \cdot V^k\right)^2 d\,(A)$$

$$= c_6(n) \cdot \int_0^1 \nu^{n-1} \left\{ \int_F \left(\sum \begin{bmatrix} g_1 \ldots g_k \in \Lambda \\ \text{zu einer Basis} \\ \text{ergänzbar} \end{bmatrix} \rho\,(\nu^{1/n} A g_1) \ldots \rho\,(\nu^{1/n} A g_k) \right.\right.$$

$$\left.\left. - \prod_{j=0}^{k-1} \zeta(n-j)^{-1} \cdot \nu^{-k} \cdot V^k\right)^2 d\mu(A) \right\} d\nu$$

$$< c_7(n) \cdot \int_0^1 \nu^{n-1} \left(\frac{V^{2k-1}}{\nu^{2k-1}}\right) d\nu \leqq c_7(n) \cdot V^{2k-1}$$

§4. Hilfssatz 3:

Zu jeder Familie Φ von Borelmengen mit endlichem Volumen, die (a) und (b) erfüllen, gibt es eine Familie $\Psi \supseteq \Phi$, die (a), (b) und (c) erfüllt.

(a) Ist $S \in \Phi$, $T \in \Phi$, so ist $S \subset T$ oder $T \subset S$.
(b) Es gibt Mengen $S \in \Phi$ mit beliebig großem Volumen $V(S)$.
(c) Zu jeder reellen Zahl $V \geqq 0$ gibt es ein $S \in \Psi$ mit $V(S) = V$.

Hilfssatz 3 wird in [8] als Lemma 1 bewiesen. Der Vollständigkeit halber wird der Beweis hier wiedergegeben.

Beweis:

$\alpha(\Phi)$ sei die Menge der Zahlen $V \geqq 0$, für die es ein $S \in \Phi$ gibt mit $V(S) = V$. Dann besagt (c), daß $\alpha(\Phi)$ aus allen $V \geqq 0$ besteht. Zuerst zeigen wir: Es gibt eine Mengenfamilie $X \supseteq \Phi$, die (a) und (b) erfüllt und für die $\alpha(X)$ abgeschlossen ist. Es sei V ein Randpunkt von $\alpha(\Phi)$. Wir nehmen zuerst an, es gebe eine Folge $V_1 \geqq V_2 \geqq V_3 \geqq \ldots$ mit $V_j \in \alpha(\Phi)$, $\lim\limits_{j \to \infty} V_j = V$. Dann gibt es eine Mengenfolge $S_1, S_2, \ldots$ mit $S_1 \supseteq S_2 \supseteq \ldots$, $S_j \in \Phi$, $V(S_j) = V_j$ und die Menge $S = \bigcap\limits_{j=1}^{\infty} S_j$ ist eine Borelmenge mit $V(S) = V$. Gibt es keine solche Folge $V_1 \geqq V_2 \geqq V_3 \geqq \ldots$, dann gibt es eine Folge $V_1 \leqq V_2 \leqq V_3 \leqq \ldots$, $V_j \in \alpha(\Phi)$, $\lim\limits_{j \to \infty} V_j = V$ und wir können ähnlich vorgehen, indem wir $S = \bigcup\limits_{j=1}^{\infty} S_j$ bilden. Nehmen wir X als die Vereinigung der Familie Φ und der eben konstruierten Mengen, dann ist $\alpha(X)$ abgeschlossen und X erfüllt (a) und (b).

Es ist noch zu zeigen, daß es ein $\Psi \supseteq X$ gibt, das (a), (b) und (c) erfüllt. Es sei $V \notin \alpha(X)$. Dann gibt es $V_1 \in \alpha(X)$, $V_2 \in \alpha(X)$, $V_1 < V < V_2$ (wir können $0 \in \alpha(X)$ annehmen), so daß kein Punkt aus dem offenen Intervall (V_1, V_2) zu $\alpha(X)$ gehört. Es gibt $S_1 \in X$, $S_2 \in X$ mit $V(S_1) = V_1$ und $V(S_2) = V_2$. Wir schreiben $S_2 - S_1$ für die Menge aller $X \in S_2$, $X \notin S_1$ und $(S_2 - S_1)_t$ für die Menge aller $X \in S_2 - S_1$ mit $|X| \leqq t$. Dann ist $V((S_2 - S_1)_t \cup S_1)$ eine stetige Funktion von t, sie ist gleich $V(S_1)$ für $t = 0$ und erreicht $V(S_2)$, wenn $t \to \infty$. Daher gibt es ein t_0, so daß $V(S_1 \cup (S_2 - S_1)_{t_0}) = V$. Wir bezeichnen $S_1 \cup (S_2 - S_1)_{t_0}$ als $S(V)$ und nehmen Ψ als Vereinigung von X mit allen Mengen $S(V)$. Dann erfüllt Ψ alle drei Bedingungen (a), (b) und (c).

§ 5. In Übereinstimmung mit Hilfssatz 3 können wir annehmen, daß Φ (a), (b) und (c) erfüllt. Für jede positive ganze Zahl N gibt es also ein $S \in \Phi$ mit $V(S) = N$, wir bezeichnen diese Menge mit $S(N)$.

Für die charakteristische Funktion von $S(N)$ schreiben wir $\rho_N(X)$, für die charakteristische Funktion von $S(N_2) - S(N_1)$ $_{N_1}\rho_{N_2}(X)$.

Ferner definieren wir:

$$Q_N(A) = \sum \begin{bmatrix} g_1 \ldots g_k \in \Lambda \\ \text{lin. unabh.} \end{bmatrix} \rho_N(Ag_1) \ldots \rho_N(Ag_k) - \|A\|^{-k} \cdot N^k$$

$$R_N(A) = \sum \begin{bmatrix} g_1 \ldots g_k \in \Lambda \\ \text{lin. unabh.} \\ \text{primitiv} \end{bmatrix} \rho_N(Ag_1) \ldots \rho_N(Ag_k) - \zeta(n)^{-k} \|A\|^{-k} \cdot N^k$$

$$S_N(A) = \sum \begin{bmatrix} g_1 \ldots g_k \in \Lambda \\ \text{zu einer Basis} \\ \text{ergänzbar} \end{bmatrix} \rho_N(Ag_1) \ldots \rho_N(Ag_k)$$
$$- \prod_{j=0}^{k-1} \zeta(n-j)^{-1} \|A\|^{-k} \cdot N^k$$

$$_{N_1}Q_{N_2}(A) = \sum \begin{bmatrix} g_1 \ldots g_k \in \Lambda \\ \text{lin. unabh.} \end{bmatrix} {}_{N_1}\rho_{N_2}(Ag_1) \ldots {}_{N_1}\rho_{N_2}(Ag_k)$$
$$- \|A\|^{-k} \cdot (N_2 - N_1)^k$$

$$_{N_1}R_{N_2}(A) = \sum \begin{bmatrix} g_1 \ldots g_k \in \Lambda \\ \text{lin. unabh.} \\ \text{primitiv} \end{bmatrix} {}_{N_1}\rho_{N_2}(Ag_1) \ldots {}_{N_1}\rho_{N_2}(Ag_k)$$
$$- \zeta(n)^{-k} \|A\|^{-k} (N_2 - N_1)^k$$

$$_{N_1}S_{N_2}(A) = \sum \begin{bmatrix} g_1 \ldots g_k \in \Lambda \\ \text{zu einer Basis} \\ \text{ergänzbar} \end{bmatrix} {}_{N_1}\rho_{N_2}(Ag_1) \ldots {}_{N_1}\rho_{N_2}(Ag_k)$$
$$- \prod_{j=0}^{k-1} \zeta(n-j)^{-1} \|A\|^{-k} \cdot (N_2 - N_1)^k$$

Hilfssatz 4:

T sei eine positive ganze Zahl, K_T die Menge aller Paare ganzer Zahlen (N_1, N_2) der Gestalt $0 \leq N_1 < N_2 \leq 2^T$, $N_1 = u \cdot 2^t$, $N_2 = (u+1) \cdot 2^t$ für ganze Zahlen u und t, $u \geq 0$, $t \geq 0$.

Dann gilt für $1 < k < \dfrac{n}{2}$:

$$\sum_{(N_1, N_2) \in K_T} \int_C {}_{N_1}Q^2{}_{N_2}(A)\, d(A) < c_8(n) \cdot 2^{T(2k-1)} \tag{19}$$

$$\sum_{(N_1, N_2) \in K_T} \int_C {}_{N_1}R^2{}_{N_2}(A)\, d(A) < c_8(n) \cdot 2^{T(2k-1)} \tag{20}$$

$$\sum_{(N_1, N_2) \in K_T} \int_C {}_{N_1}S^2{}_{N_2}(A)\, d(A) < c_8(n) \cdot 2^{T(2k-1)} \tag{21}$$

Beweis:

Nach Hilfssatz 2 gilt:

$$\int_C {}_{N_1}Q^2{}_{N_2}(A)\, d(A) < c_7(n) \cdot (N_2 - N_1)^{2k-1}$$

Jeder Wert von $N_2 - N_1 = 2^t$ $(0 \leq t \leq T)$ tritt in der Summe über alle Paare $(N_1, N_2) \in K_T$ genau 2^{T-t}-mal auf. Daher ist, da $k > 1$ vorausgesetzt wurde,

$$\sum_{(N_1, N_2) \in K_T} (N_2 - N_1)^{2k-1} = \sum_{t=0}^T 2^{(2k-1)t} \cdot 2^{T-t} = 2^T \cdot \sum_{t=0}^T 2^{2t(k-1)}$$

$$= 2^T \cdot \frac{2^{2(k-1)(T+1)} - 1}{2^{2(k-1)} - 1} < 2^T \frac{2^{2(k-1)(T+1)}}{2^{2k-3}} = 2 \cdot 2^{T(2k-1)}$$

Daraus erhält man (19). (20) und (21) folgen ebenso aus

$$\int_C {}_{N_1}R^2{}_{N_2}(A)\, d(A) < c_7(n) \cdot (N_2 - N_1)^{2k-1}$$

$$\int_C {}_{N_1}S^2{}_{N_2}(A)\, d(A) < c_7(n) \cdot (N_2 - N_1)^{2k-1}$$

Hilfssatz 5:

Für alle genügend großen T gibt es eine Teilmenge B_T von C mit dem Maß

$$\int_{B_T} d(A) \leq c_9(n) \cdot \psi^{-1}[(T-1)\log 2] \tag{22}$$

so daß
$$Q^2{}_N(A) \leq T \cdot 2^{(2k-1)T} \cdot \psi[(T-1)\log 2] \tag{23}$$

$$R^2{}_N(A) \leq T \cdot 2^{(2k-1)T} \cdot \psi[(T-1)\log 2] \tag{24}$$

$$S^2{}_N(A) \leq T \cdot 2^{(2k-1)T} \cdot \psi[(T-1)\log 2] \tag{25}$$

für jedes $N \leq 2^T$ und alle $A \in C$, $A \notin B_T$.

Wie in der Einleitung angegeben wurde, ist $\psi(s)$ eine für $s \geq 0$ definierte, positive, monoton nicht fallende Funktion, deren Integral $\int_0^\infty \psi^{-1}(s)\,ds$ existiert.

Beweis:

B_{T1} sei die Menge aller $A \in C$, für die nicht gilt:

$$\sum_{(N_1, N_2) \in K_T} N_1 Q^2{}_{N_2}(A) \leq 2^{T(2k-1)} \cdot \psi[(T-1)\log 2] \qquad (26)$$

B_{T2} sei die Menge der $A \in C$, für die nicht gilt:

$$\sum_{(N_1, N_2) \in K_T} N_1 R^2{}_{N_2}(A) \leq 2^{T(2k-1)} \cdot \psi[(T-1)\log 2] \qquad (27)$$

B_{T3} sei die Menge der $A \in C$, für die nicht gilt:

$$\sum_{(N_1, N_2) \in K_T} N_1 S^2{}_{N_2}(A) \leq 2^{T(2k-1)} \cdot \psi[(T-1)\log 2] \qquad (28)$$

$$\int_{B_{T_1}} 2^{T(2k-1)} \cdot \psi[(T-1)\log 2]\,d(A)$$

$$\leq \int_{B_{T_1}} \sum_{(N_1, N_2) \in K_T} N_1 Q^2{}_{N_2}(A)\,d(A) \leq \int_C \sum_{(N_1, N_2) \in K_T} N_1 Q^2{}_{N_2}(A)\,d(A)$$

$$\leq c_8(n) \cdot 2^{T(2k-1)}$$

$$\int_{B_{T_2}} 2^{T(2k-1)} \cdot \psi[(T-1)\log 2]\,d(A)$$

$$\leq \int_{B_{T_2}} \sum_{(N_1, N_2) \in K_T} N_1 R^2{}_{N_2}(A)\,d(A) \leq c_8(n) \cdot 2^{T(2k-1)}$$

$$\int_{B_{T_3}} 2^{T(2k-1)} \cdot \psi[(T-1)\log 2]\,d(A)$$

$$\leq \int_{B_{T_3}} \sum_{(N_1, N_2) \in K_T} N_1 S^2{}_{N_2}(A)\,d(A) \leq c_8(n) \cdot 2^{T(2k-1)}$$

Wir setzen $B_T = B_{T1} \cup B_{T2} \cup B_{T3}$ und erhalten

$$\psi[(T-1)\log 2] \cdot \int_{B_T} d(A) \leq 3 \cdot c_8(n) \leq c_9(n), \text{ das ist } (22).$$

Nun wählen wir $N \leq 2^T$, $A \in C$, aber $A \notin B_T$.

Das Intervall $[0, N)$ kann als Vereinigung von höchstens T Intervallen der Gestalt $[N_1, N_2)$ dargestellt werden, wobei $(N_1, N_2) \in K_T$. Daher ist

$$Q_N(A) = \sum N_1 Q_{N_2}(A)$$
$$R_N(A) = \sum N_1 R_{N_2}(A)$$
$$S_N(A) = \sum N_1 S_{N_2}(A)$$

wobei jede Summe höchstens über T Paare $(N_1, N_2) \in K_T$ zu erstrecken ist. Mit Hilfe der Cauchyschen Ungleichung $(|\sum_{i=1}^{n} a_i|^2 \leq n \cdot \sum_{i=1}^{n} a_i^2)$ und (26), (27) und (28) erhalten wir also

$$Q^2_N(A) \leq T \cdot \sum N_1 Q^2_{N_2}(A) \leq T \cdot 2^{(2k-1)T} \cdot \psi[(T-1)\log 2]$$

und ebenso
$$R^2_N(A) \leq T \cdot 2^{(2k-1)T} \cdot \psi[(T-1)\log 2]$$
$$S^2_N(A) \leq T \cdot 2^{(2k-1)T} \cdot \psi[(T-1)\log 2]$$

§ 6. Die Menge der $A \in C$, die zu B_T gehören, hat höchstens das Maß $c_9(n) \cdot \psi^{-1}[(T-1)\log 2]$. Da

$$\sum_{T=1}^{\infty} \psi^{-1}[(T-1)\log 2]$$

konvergent ist, gibt es für fast alle A (d. h. für alle $A \in C$ außer einer Nullmenge) ein $T_0 = T_0(A)$, so daß $A \notin B_T$ für alle $T \geq T_0$.

Es sei $N \geq N_0 = 2^{T_0}$. Wir wählen T so, daß

$$2^{T-1} \leq N < 2^T \text{ und damit } T - 1 \leq \frac{\log N}{\log 2} < T.$$

Nach Hilfssatz 5 gilt für fast alle $A \in C$:

$$Q^2_N(A) \leq T \cdot 2^{T(2k-1)} \cdot \psi[(T-1)\log 2]$$
$$< \left(\frac{\log N}{\log 2} + 1\right) \cdot (2N)^{2k-1} \cdot \psi(\log N)$$
$$< c_{10} \cdot N^{2k-1} \cdot \log N \cdot \psi(\log N)$$

Ebenso gilt:
$$R^2_N(A) \leq T \cdot 2^{T(2k-1)} \cdot \psi[(T-1)\log 2]$$
$$< c_{10} \cdot N^{2k-1} \cdot \log N \cdot \psi(\log N)$$
$$S^2_N(A) \leq T \cdot 2^{T(2k-1)} \cdot \psi[(T-1)\log 2]$$
$$< c_{10} \cdot N^{2k-1} \cdot \log N \cdot \psi(\log N)$$

Daher ist fast für alle $A \in C$:

$$Q_N(A) = 0\,[N^{k-1/2} \log^{1/2} N \cdot \psi^{1/2}(\log N)] \tag{29}$$

$$R_N(A) = 0\,[N^{k-1/2} \log^{1/2} N \cdot \psi^{1/2}(\log N)] \tag{30}$$

$$S_N(A) = 0\,[N^{k-1/2} \log^{1/2} N \cdot \psi^{1/2}(\log N)] \tag{31}$$

Da jede Matrix A mit $\|A\| \leq 1$ von der Form $A = A'U$ ist, wobei $A' \in C$, U unimodular, und weil die unimodularen Matrizen abzählbar sind, gelten (29), (30) und (31) für fast alle A mit $\|A\| \leq 1$.

Durch Anwendung einer linearen Transformation sieht man, daß (29), (30) und (31) für fast alle A mit $\|A\| \leq c$ gelten, wenn c eine beliebige Konstante ist. Also gelten (29), (30) und (31) allgemein für fast alle $n \times n$-Matrizen A.

In der Einleitung wurde $D(AS)$, $E(AS)$ und $F(AS)$ definiert durch

$$D(AS) = |k!\,L(AS) \cdot V(AS)^{-k} - 1|$$

$$E(AS) = |k!\,P(AS) \cdot \zeta(n)^k \cdot V(AS)^{-k} - 1|$$

$$F(AS) = |k!\,B(AS) \cdot \prod_{j=0}^{k-1} \zeta(n-j) \cdot V(AS)^{-k} - 1|$$

Da ein Gitterpunkt $g \in \Lambda$ genau dann in AS liegt, wenn $A^{-1}g$ in S liegt, gilt:

$$L(AS) \cdot k! = \sum \begin{bmatrix} g_1 \ldots g_k \in \Lambda \\ \text{lin. unabh.} \end{bmatrix} \varrho(A^{-1}g_1) \ldots \varrho(A^{-1}g_k)$$

$$P(AS) \cdot k! = \sum \begin{bmatrix} g_1 \ldots g_k \in \Lambda \\ \text{lin. unabh.} \\ \text{primitiv} \end{bmatrix} \varrho(A^{-1}g_1) \ldots \varrho(A^{-1}g_k)$$

$$B(AS) \cdot k! = \sum \begin{bmatrix} g_1 \ldots g_k \in \Lambda \\ \text{zu einer Basis} \\ \text{ergänzbar} \end{bmatrix} \varrho(A^{-1}g_1) \ldots \varrho(A^{-1}g_k)$$

Wegen $V[S(N)] = N$ und $V[A^{-1}S(N)] = \|A^{-1}\|N = \|A\|^{-1} \cdot N$ gilt weiter:

$$D[A^{-1}S(N)] = V[A^{-1}S(N)]^{-k} \cdot \left| \sum \begin{bmatrix} g_1 \ldots g_k \in \Lambda \\ \text{lin. unabh.} \end{bmatrix} \varrho(A g_1) \ldots \varrho(A g_k) \right.$$

Über das asymptotische Verhalten der Anzahl von k-tupeln 215

$$E\,[A^{-1}\,S\,(N)] = \zeta(n)^k \cdot V\,[A^{-1}\,S(N)]^{-k} \cdot \left| \sum \begin{bmatrix} g_1 \ldots g_k \,\epsilon\,\Lambda \\ \text{lin. unabh.} \\ \text{primitiv} \end{bmatrix} \rho\,(A\,g_1) \ldots \rho\,(A\,g_k) \right.$$

$$\left. - V\,[A^{-1}\,S\,(N)]^k \right| = \|A\|^k \cdot N^{-k} \cdot |Q_N(A)|$$

$$\left. -\zeta(n)^{-k} \cdot V\,[A^{-1}\,S\,(N)]^k \right| = \|A\|^k \cdot \zeta(n)^k \cdot N^{-k} \cdot |\,R_N\,(A)\,|$$

$$F\,[A^{-1}\,S\,(N)] = \prod_{j=0}^{k-1} \zeta\,(n-j) \cdot V\,[A^{-1}\,S\,(N)]^{-k} \cdot$$

$$\times \left| \sum \begin{bmatrix} g_1 \ldots g_k \,\epsilon\,\Lambda \\ \text{zu einer Basis} \\ \text{ergänzbar} \end{bmatrix} \rho\,(A\,g_1) \ldots \rho\,(A\,g_k) \right.$$

$$\left. - \prod_{j=0}^{k-1} \zeta\,(n-j)^{-1} \cdot V\,[A^{-1}\,S\,(N)]^k \right|$$

$$= \prod_{j=0}^{k-1} \zeta\,(n-j) \cdot \|A\|^k \cdot |\,S_N\,(A)\,| \cdot N^{-k}$$

Also gilt für fast alle A:

$$D\,[A^{-1}\,S\,(N)] = 0\,[N^{-k} \cdot Q_N\,(A)] = 0\,[N^{-1/2}\log^{1/2} N \cdot \psi^{1/2}\,(\log N)]$$

$$E\,[A^{-1}\,S\,(N)] = 0\,[N^{-k} \cdot R_N\,(A)] = 0\,[N^{-1/2}\log^{1/2} N \cdot \psi^{1/2}\,(\log N)]$$

$$F\,[A^{-1}\,S\,(N)] = 0\,[N^{-k} \cdot S_N\,(A)] = 0\,[N^{-1/2}\log^{1/2} N \cdot \psi^{1/2}\,(\log N)]$$

und deshalb auch für fast alle A:

$$D\,[A\,S\,(N)] = 0\,[N^{-1/2}\log^{1/2} N \cdot \psi^{1/2}\,(\log N)] \qquad (32)$$

$$E\,[A\,S\,(N)] = 0\,[N^{-1/2}\log^{1/2} N \cdot \psi^{1/2}\,(\log N)] \qquad (33)$$

$$F\,[A\,S\,(N)] = 0\,[N^{-1/2}\log^{1/2} N \cdot \psi^{1/2}\,(\log N)] \qquad (34)$$

Sei nun $S \,\epsilon\, \Phi$ mit $N \leq V\,(S) < N+1$. Dann ist

$$k!\,L\,[A\,S\,(N)] - (N+1)^k \leq k!\,L\,[A\,S] - V\,(S)^k$$

$$\leq k!\,L\,[A\,S\,(N+1)] - N^k$$

$$D\,(A\,S) \leq \max\,\{N^{-k} \cdot |k!\,L\,[A\,S\,(N)] - (N+1)^k|,$$

$$N^{-k} \cdot |k!\,L\,[A\,S\,(N+1)] - N^k|\}$$

Wegen $(N+1)^k - N^k = 0\,(N^{k-1})$ und $(N+1)^k \cdot N^{-k} = 0\,(1)$ ergibt sich

$N^{-k} \cdot |k!\, L\,[A\,S\,(N)] - (N+1)^k| = |k!\, L\,[A\,S\,(N)] \cdot N^{-k} - 1|$
$\qquad + 0\,(1) = 0\,[N^{-1/2} \log^{1/2} N \cdot \psi^{1/2} (\log N)]$

$N^{-k} \cdot |k!\, L\,[A\,S\,(N+1)] - N^k|$
$= (N+1)^k \cdot N^{-k} \{|k!\, L\,[A\,S\,(N+1)] \cdot (N+1)^{-k} - 1| + 0\,(N^{-1})\}$
$= 0\,(1) \cdot 0\,\{(N+1)^{-1/2} \log^{1/2}(N+1) \cdot \psi^{1/2}[\log(N+1)]\} + 0\,(N^{-1})$
$= 0\,[N^{-1/2} \log^{1/2} N \cdot \psi^{1/2} (\log N)]$

Also gilt für $S \in \Phi$, $N \leq V(S) < N+1$:

$$D\,(A\,S) = 0\,[N^{-1/2} \log^{1/2} N \cdot \psi^{1/2} (\log N)].$$

Damit ist die erste Behauptung von Satz 1 bewiesen. Ähnlich erhält man die beiden anderen Behauptungen von Satz 1:

$k!\, P\,[A\,S\,(N)] \cdot \zeta(n)^k - (N+1)^k$
$\leq k!\, P\,(A\,S) \cdot \zeta(n)^k - V(S)^k$
$\leq k!\, P\,[A\,S\,(N+1)] \cdot \zeta(n)^k - N^k$

$k!\, B\,[A\,S\,(N)] \cdot \prod_{j=0}^{k-1} \zeta(n-j) - (N+1)^k$
$\leq k!\, B\,(A\,S) \cdot \prod_{j=0}^{k-1} \zeta(n-j) - V(S)^k$
$\leq k!\, B\,[A\,S\,(N+1)] \cdot \prod_{j=0}^{k-1} \zeta(n-j) - N^k$

$E\,(A\,S) \leq \max\,\{N^{-k} \cdot |k!\, P\,[A\,S\,(N)] \cdot \zeta(n)^k - (N+1)^k|,$
$\qquad\qquad N^{-k} \cdot |k!\, P\,[A\,S\,(N+1)] \cdot \zeta(n)^k - N^k|\}$ (35)

$F\,(A\,S) \leq \max\,\{N^{-k} \cdot |k!\, B\,[A\,S\,(N)] \cdot \prod_{j=0}^{k-1} \zeta(n-j) - (N+1)^k|,$
$\qquad\qquad N^{-k} \cdot |k!\, B\,[A\,S\,(N+1)] \cdot \prod_{j=0}^{k-1} \zeta(n-j) - N^k|\}$ (36)

Beide Terme auf der rechten Seite von (35) bzw. (36) sind nach (33) bzw. (34) $0 [N^{-1/2} \log^{1/2} N \cdot \psi^{1/2} (\log N)]$. Es gilt also für fast alle Matrizen $A, S \in \Phi$, Satz 1:

$$D(AS) = 0 [V^{-1/2} \log^{1/2} V \cdot \psi^{1/2} (\log V)]$$
$$E(AS) = 0 [V^{-1/2} \log^{1/2} V \cdot \psi^{1/2} (\log V)]$$
$$F(AS) = 0 [V^{-1/2} \log^{1/2} V \cdot \psi^{1/2} (\log V)]$$

II. Beweis von Satz 2:

§ 7. Für $k < \dfrac{n}{2}$ wurden $D(AS)$, $E(AS)$ und $F(AS)$ durch Abschätzung von Integralen der Form

$$\int_F \left(\sum_{\substack{g_1 \ldots g_k \in \Lambda \\ \text{lin. unabh.}}} \rho(A g_1) \ldots \rho(A g_k) - V^k \right)^2 d\mu(A)$$

ermittelt. Für $k > \dfrac{n}{2}$ ist dieser Weg nicht mehr gangbar. $D(AS)$ und $E(AS)$ können jedoch für $1 \leq k < n$ durch direkte Verallgemeinerung von Satz 1 in [8] erhalten werden.

In diesem Abschnitt steht anders als in der Einleitung $L_k(S)$ für die Anzahl der k-tupel linear unabhängiger Gitterpunkte in S beziehungsweise $P_k(S)$ für die Anzahl der k-tupel linear unabhängiger, primitiver Gitterpunkte in S. $\rho(X)$ ist wieder die charakteristische Funktion von $S \in \Phi$ mit dem Volumen $V(S) = V$.

In der Einleitung wurde als Theorem 1 in [8] zitiert:

$$D_1(AS) = |L_1(AS) \cdot V(AS)^{-1} - 1| = 0 [V^{-1/2} \log V \cdot \psi^{1/2} (\log V)]$$
$$E_1(AS) = |P_1(AS) \cdot \zeta(n) \cdot V(AS)^{-1} - 1|$$
$$= 0 [V^{-1/2} \log V \cdot \psi^{1/2} (\log V)]$$

für fast alle A.

Die Anzahl der Gitterpunkte in AS ist also für fast alle A gegeben durch

$$L_1(AS) = V(AS) + 0 [V(AS) \cdot V^{-1/2} \log V \cdot \psi^{1/2} (\log V)]$$
$$= V(S) \cdot \|A\|^{-1} + 0 [V^{1/2} \log V \cdot \psi^{1/2} (\log V)] \tag{1}$$

Entsprechend ist die Anzahl der primitiven Gitterpunkte in AS gegeben durch

$$P_1(AS) = V(AS) \cdot \zeta(n)^{-1} + 0(V(AS) \cdot V^{-1/2} \log V \cdot \psi^{1/2} (\log V)]$$
$$= V \cdot \|A\|^{-1} \cdot \zeta(n)^{-1} + 0[V^{1/2} \log V \cdot \psi^{1/2} (\log V)] \qquad (2)$$

für fast alle linearen Transformationen A.

Daraus erhalten wir für die Anzahl der k-tupel linear unabhängiger Gitterpunkte in AS:

$$k! \, L_k(AS) = \{V \cdot \|A\|^{-1} + 0[V^{1/2} \log V \cdot \psi^{1/2} (\log V)]\}^k$$

$$- \sum \begin{bmatrix} g_1 \ldots g_k \in \Lambda \\ \text{lin. abhängig} \end{bmatrix} \rho(A^{-1} g_1) \ldots \rho(A^{-1} g_k)$$

$$= V^k \|A\|^{-k} + 0[V^{k-1} \|A\|^{-k+1} \cdot V^{1/2} \log V \cdot \psi^{1/2} (\log V)]$$

$$- \sum \begin{bmatrix} g_1 \ldots g_k \in \Lambda \\ \text{lin. abhängig} \end{bmatrix} \rho(A^{-1} g_1) \ldots \rho(A^{-1} g_k)$$

$$k! \, P_k(AS) = \{V \cdot \|A\|^{-1} \cdot \zeta(n)^{-1} + 0[V^{1/2} \log V \cdot \psi^{1/2} (\log V)]\}^k$$

$$- \sum \begin{bmatrix} g_1 \ldots g_k \in \Lambda \\ \text{lin. abhängig} \\ \text{primitiv} \end{bmatrix} \rho(A^{-1} g_1) \ldots \rho(A^{-1} g_k)$$

$$= V^k \cdot \|A\|^{-k} \cdot \zeta(n)^{-k} +$$
$$+ 0[V^{k-1} \|A\|^{-k+1} \cdot V^{1/2} \log V \cdot \psi^{1/2} (\log V)]$$

$$- \sum \begin{bmatrix} g_1 \ldots g_k \in \Lambda \\ \text{lin. abhängig} \\ \text{primitiv} \end{bmatrix} \rho(A^{-1} g_1) \ldots \rho(A^{-1} g_k)$$

Hilfssatz 1 besagt, daß für $1 < k \leq n-1$ gilt:

$$\int_F \begin{bmatrix} g_1 \ldots g_k \in \Lambda \\ \text{lin. abhängig} \end{bmatrix} \rho(\alpha A g_1) \ldots \rho(\alpha A g_k) \, d\mu(A) < c_5 \frac{V^{k-1}}{\alpha^{n(k-1)}}$$

Daher ist nach (12) im ersten Teil

$$\int_C \sum \begin{bmatrix} g_1 \ldots g_k \in \Lambda \\ \text{lin. abhängig} \end{bmatrix} \rho(A g_1) \ldots \rho(A g_k) \, d(A)$$

$$= c(n) \int_0^1 \nu^{n-1} \left\{ \int_F \sum \begin{bmatrix} g_1 \ldots g_k \in \Lambda \\ \text{lin. abhängig} \end{bmatrix} \rho(\nu^{1/n} A g_1) \ldots \rho(\nu^{1/n} A g_k) d\mu(A) \right\} d\nu$$

$$< c(n) \int_0^1 \nu^{n-1} (c_5 V^{k-1} \cdot \nu^{-k+1}) d\nu < c_6 V^{k-1} \tag{3}$$

Wie im ersten Teil wählen wir Mengen $S(N) \in \Phi$ mit $V[S(N)] = N$ und charakteristischer Funktion $\rho_N(X)$. Für festes k definieren wir $\overline{Q}_N(A)$ und $\overline{R}_N(A)$ durch

$$\overline{Q}_N(A) = \sum \begin{bmatrix} g_1 \ldots g_k \in \Lambda \\ \text{lin. abhängig} \end{bmatrix} \rho_N(A g_1) \ldots \rho_N(A g_k)$$

$$\overline{R}_N(A) = \sum \begin{bmatrix} g_1 \ldots g_k \in \Lambda \\ \text{lin. abhängig} \\ \text{primitiv} \end{bmatrix} \rho_N(A g_1) \ldots \rho_N(A g_k)$$

Für $1 \leq k < n$ gilt also nach (3) und wegen $\overline{R}_N(A) \leq \overline{Q}_N(A)$

$$\int_C \overline{Q}_N(A) d(A) \leq c_6 \cdot N^{k-1}$$

$$\int_C \overline{R}_N(A) d(A) \leq c_6 \cdot N^{k-1}$$

Wir bezeichnen als B_N die Menge aller Matrizen $A \in C$ mit

$$\overline{Q}_N(A) > N^{k-1/2}$$

Wegen

$$N^{k-1/2} \cdot \int_{B_N} d(A) \leq \int_C \overline{Q}_N(A) d(A) \leq c_6 \cdot N^{k-1}$$

ist das Maß von B_N $\quad \int_{B_N} d(A) \leq c_6 \cdot N^{-1/2}$

Für fast alle Matrizen $A \in C$ gibt es daher ein $N_0 = N_0(A)$, daß $A \notin B_N$ für $N \geq N_0$. Ist $N \geq N_0$, dann gilt für fast alle Matrizen $A \in C$

$$\overline{Q}_N(A) = 0(N^{k-1/2}) \tag{4}$$

und wegen $\overline{R}_N(A) \leq \overline{Q}_N(A)$ auch

$$\overline{R}_N(A) = 0(N^{k-1/2}) \tag{5}$$

Wie beim Beweis von Satz 1 folgt, daß (4) und (5) für fast alle A mit $\|A\| \leq c$ gelten, wobei c eine beliebige Konstante ist. Also gelten (4) und (5) allgemein für fast alle A.

Ist $S \in \Phi$ mit $V(S) \geq N_0$ und charakteristischer Funktion $\rho(X)$, so gibt es ein $N \geq N_0$ mit folgenden Eigenschaften:

$$N \leq V(S) < N+1$$

$$\bar{Q}_N(A) \leq \sum \begin{bmatrix} g_1 \ldots g_k \in \Lambda \\ \text{lin. abhängig} \end{bmatrix} \rho(A g_1) \ldots \rho(A g_k) \leq \bar{Q}_{N+1}(A)$$

$$\bar{R}_N(A) \leq \sum \begin{bmatrix} g_1 \ldots g_k \in \Lambda \\ \text{lin. abhängig} \\ \text{primitiv} \end{bmatrix} \rho(A g_1) \ldots \rho(A g_k) \leq \bar{R}_{N+1}(A)$$

Ist $S \in \Phi$, $k \leq n-1$, dann gilt für fast alle A

$$\sum \begin{bmatrix} g_1 \ldots g_k \in \Lambda \\ \text{lin. abhängig} \end{bmatrix} \rho(A g_1) \ldots \rho(A g_k) = 0\,[V(S)^{k-1/2}] \quad (6)$$

$$\sum \begin{bmatrix} g_1 \ldots g_k \in \Lambda \\ \text{lin. abhängig} \\ \text{primitiv} \end{bmatrix} \rho(A g_1) \ldots \rho(A g_k) = 0\,[V(S)^{k-1/2}] \quad (7)$$

Mit Hilfe von (6) und (7) lassen sich nun $L_k(A\,S)$ und $P_k(A\,S)$ berechnen.

$$k!\,L_k(A\,S) = V^k \cdot \|A\|^{-k} + 0\,[V^{k-1/2} \cdot \|A\|^{-k+1} \cdot \log V \cdot \psi^{1/2}(\log V)]$$

$$- \sum \begin{bmatrix} g_1 \ldots g_k \in \Lambda \\ \text{lin. abhängig} \end{bmatrix} \rho(A^{-1} g_1) \ldots \rho(A^{-1} g_k)$$

Nach (6) gilt also für fast alle A:

$$k!\,L_k(A\,S) = V(S)^k \cdot \|A\|^{-k} + 0\,[V^{k-1/2} \log V \cdot \psi^{1/2}(\log V)] \quad (8)$$

Ähnlich erhalten wir mit Hilfe von (7):

$$k!\,P_k(A\,S) = V^k \|A\|^{-k} \cdot \zeta(n)^{-k}$$

$$+ 0\,[V^{k-1/2} \cdot \|A\|^{-k+1} \cdot \log V \cdot \psi^{1/2}(\log V)]$$

$$- \sum \begin{bmatrix} g_1 \ldots g_k \in \Lambda \\ \text{lin. abhängig} \\ \text{primitiv} \end{bmatrix} \rho(A^{-1} g_1) \ldots \rho(A^{-1} g_k)$$

$$= V^k \cdot \|A\|^{-k} \cdot \zeta(n)^{-k}$$

$$+ 0\,[V^{k-1/2} \cdot \log V \cdot \psi^{1/2}(\log V)] \quad (9)$$

für fast alle A.

Aus (8) und (9) ergeben sich unmittelbar die gewünschten asymptotischen Darstellungen von $D_k(A\,S)$ und $E_k(A\,S)$.

Für fast alle A gilt, falls $k \leq n-1$:
$$D_k(A\,S) = |k!\,L_k(A\,S) \cdot V(A\,S)^{-k} - 1|$$
$$= |1 + \|A\|^k \cdot V(S)^{-k} \cdot 0\,[V^{k-1/2} \log V \cdot \psi^{1/2}(\log V)] - 1|$$
$$= 0\,[V^{-1/2} \log V \cdot \psi^{1/2}(\log V)]$$
$$E_k(A\,S) = |k!\,P_k(A\,S) \cdot \zeta(n)^k \cdot V(A\,S)^{-k} - 1|$$
$$= |\{V(S)^k \|A\|^{-k} + 0\,[V^{k-1/2} \log V \cdot \psi^{1/2}(\log V)]\}$$
$$\times \|A\|^k \cdot V(S)^{-k} - 1|$$
$$= 0\,[V^{-1/2} \log V \cdot \psi^{1/2}(\log V)].$$

Damit ist Satz 2 bewiesen.

III. Der Fall $k = n$.

§ 8. Wir betrachten geordnete n-tupel von Gitterpunkten $(g_1, g_2, \ldots g_n)$, die wir als $n \times n$-Matrizen mit Spaltenvektoren $g_1, g_2, \ldots g_n$ schreiben. In der Menge dieser n-tupel führen wir eine Äquivalenzrelation ein durch die Festsetzung $(g_1, \ldots g_n) \sim (h_1, \ldots h_n)$, falls es eine eigentliche unimodulare Transformation U gibt, die
$$h_i = U\,g_i \quad i = 1, 2, \ldots n$$
leistet. Auf Grund der Eigenschaften der unimodularen Transformationen ist diese Relation reflexiv, transitiv und symmetrisch, liefert also eine Klasseneinteilung der $n \times n$-Matrizen mit ganzzahligen Elementen in zueinander fremde Klassen. Wegen $\det U = 1$ ist die Determinante aller Matrizen einer Äquivalenzklasse E gleich, sie soll mit $d(E)$ bezeichnet werden.

Hilfssatz 6:

In jeder Äquivalenzklasse E mit $d(E) \neq 0$ gibt es genau einen Repräsentanten folgender Gestalt, der (1) bis (4) erfüllt.

$$\begin{pmatrix} a_{11}\,a_{12}\,\ldots\,a_{1n} \\ 0\quad a_{22}\,\ldots\,a_{2n} \\ \ldots\ldots\ldots\ldots\ldots \\ 0\quad 0\ \ldots\,a_{nn} \end{pmatrix}$$

$sgn\,a_{11} = sgn\,d(E)$ (1)
$a_{ii} > 0$ für $i = 2, 3, \ldots n$
$d(E) = a_{11} \cdot a_{22} \ldots a_{nn}$ (2)
$a_{ij} = 0$ für $i > j$ (3)
$0 < a_{ij} \leq a_{jj}$ für $i < j$ (4)

Kommt in E ein n-tupel primitiver Gitterpunkte vor, dann besteht E nur aus n-tupeln primitiver Gitterpunkte. Eine solche Äquivalenzklasse soll primitive Äquivalenzklasse heißen. In diesem Fall gilt für den Repräsentanten obiger Gestalt zusätzlich:

$$|a_{11}| = 1 \tag{5}$$

$$d(a_{1i}, \ldots a_{ii}) = 1 \text{ für } i = 2, 3, \ldots n \tag{6}$$

$d(a_{1i}, \ldots a_{ii})$ ist der größte gemeinsame Teiler der Zahlen $a_{1i}, a_{2i}, \ldots a_{ii}$.

Beweis:

Zunächst wird gezeigt: Liegt eine $n \times n$-Matrix (a_{ij}) mit ganzzahligen Elementen vor, die $\det(a_{ij}) \neq 0$ erfüllt, so kann sie durch eine eigentliche unimodulare Transformation auf die gewünschte Gestalt gebracht werden.

Durch Anwendung der sogenannten elementaren Operationen von links (Vertauschen von Zeilen, Addition einer mit einem ganzzahligen Faktor multiplizierten Zeile zu einer anderen) läßt sich die Matrix auf Halbdiagonalform, für die (3) erfüllt ist, bringen. $(\bar{a}_{ij})$ sei diese Matrix.

Durch Anwenden einer Transformation V mit

$v_{ij} = 0$ falls $i \neq j$

$v_{ii} = sgn\, \bar{a}_{ii}$ für $i = 2, 3, \ldots n$

$$v_{11} = \begin{cases} sgn\, \bar{a}_{11} & \text{falls } d(E) > 0 \\ -sgn\, \bar{a}_{11} & \text{falls } d(E) < 0 \end{cases}$$

wird erreicht, daß auch (1) und (2) gelten. Durch Addition der i-ten Zeile ($i = 2, 3, \ldots n$), jeweils mit einem geeigneten ganzzahligen Faktor multipliziert, zu den vorherigen kann die Matrix schließlich auf eine Gestalt gebracht werden, für die auch (4) richtig ist. Die Zusammensetzung aller dieser Operationen ergibt eine eigentliche unimodulare Transformation, da jede der ausgeführten Operationen einer ganzzahligen Transformation mit Determinante $+1$ oder -1 entspricht und weil $\det(a_{ij}) = \det[V(\bar{a}_{ij})]$.

Um die Behauptung über die n-tupel primitiver Gitterpunkte zu beweisen, genügt es zu zeigen: Wird auf einen ganzzahligen Vektor a

eine unimodulare Transformation ausgeübt, dann bleibt der größte gemeinsame Teiler der Komponenten $d(a_1, \ldots a_n)$ unverändert. Daraus folgen (5) und (6) unmittelbar.

Also zu zeigen: Ist U unimodular und $U a = b$, dann ist $d(a_1, \ldots a_n) = d(b_1, \ldots b_n)$.

$$b_i = \sum_{j=1}^{n} u_{ij} a_j, \text{ also ist } d(b_1, \ldots b_n) \geq d(a_1, \ldots a_n).$$

Umgekehrt ist $a = U^{-1} b$, U^{-1} unimodular,

$$a_j = \sum_{i=1}^{n} u_{ji}' b_i, \text{ also } d(a_1, \ldots a_n) \geq d(b_1, \ldots b_n).$$

Es bleibt noch zu zeigen, daß es höchstens einen Repräsentanten der geforderten Gestalt in einer Äquivalenzklasse geben kann. Wir nehmen an, es gebe zwei verschiedene Matrizen (a_{ij}), (b_{ij}) in E, die beide (1) bis (4) erfüllen. Dann gibt es eine eigentliche unimodulare Transformation $U = (u_{ij})$, die

$$U(a_{ij}) = (b_{ij})$$

leistet. Diese Matrixgleichung entspricht n linearen Gleichungssystemen ($i = 1, 2, \ldots n$) für die u_{ij} von folgender Gestalt:

$$
\begin{aligned}
&\phantom{+ u_{i2} a_{22}} &&= 0 \\
&+ u_{i2} a_{22} &&= 0 \\
&\phantom{+ u_{i2} a_{22}} \cdots &&\cdots \\
&+ u_{i2} a_{2,i-1} + \ldots + u_{i,i-1} a_{i-1,i-1} &&= 0 \\
&+ u_{i2} a_{2,i} + \ldots + u_{i,i-1} a_{i-1,i} + u_{ii} a_{ii} &&= b_{ii} \\
&+ u_{i2} a_{2,i+1} + \ldots + u_{i,i-1} a_{i-1,i+1} + u_{ii} a_{i,i+1} + u_{i,i+1} a_{i+1,i+1} &&= b_{i,i+1} \\
&\phantom{+ u_{i2} a_{22}} \cdots &&\cdots \\
&+ u_{i2} a_{2n} + \ldots \cdots + u_{in} a_{nn} &&= b_{in}
\end{aligned}
$$

Wegen $\det(a_{ij}) \neq 0$ und nach den allgemeinen Sätzen über lineare Gleichungssysteme sind diese n Gleichungssysteme für $u_{i1}, u_{i2}, \ldots u_{in}$ eindeutig lösbar.

Aus den ersten $i - 1$ Gleichungen folgt unmittelbar, daß $u_{i1} = u_{i2} = \ldots = u_{i,i-1} = 0$.

Wegen (1) und (2) und weil die u_{ij} ganze Zahlen sein müssen, gilt

$$u_{ii} = \frac{b_{ii}}{a_{ii}} = 1 \text{ für } i = 1, 2, \ldots n$$

und es bleibt noch das folgende Gleichungssystem zu lösen:

$$\begin{aligned}
a_{i,i+1} + u_{i,i+1}\, a_{i+1,i+1} & & & = b_{i,i+1} \\
a_{i,i+2} + u_{i,i+1}\, a_{i+1,i+2} + u_{i,i+2}\, a_{i+2,i+2} & & & = b_{i,i+2} \\
\ldots \quad\quad \ldots \quad\quad \ldots \\
a_{i,n} + u_{i,i+1}\, a_{i+1,n} + u_{i,i+2}\, a_{i+2,n} + \ldots + u_{in}\, a_{nn} & = b_{in}
\end{aligned}$$

Wegen (4) und $a_{i+1,i+1} = b_{i+1,i+1}$ ist $a_{i+1,i+1} \geq \max(a_{i,i+1}, b_{i,i+1})$ und $|a_{i,i+1} - b_{i,i+1}| < a_{i+1,i+1}$

$$|u_{i,i+1}| = \frac{|b_{i,i+1} - a_{i,i+1}|}{a_{i+1,i+1}} < 1, \text{ also } u_{i,i+1} = 0$$

Genauso erhält man aus $u_{i,i+1} = 0$ und

$$a_{i+2,i+2} \geq \max(a_{i,i+2}, b_{i,i+2})$$

$u_{i,i+2}\, a_{i+2,i+2} = b_{i,i+2} - a_{i,i+2}$ und damit $u_{i,i+2} = 0$.

Aus den analogen Gleichungen für $i+3, i+4, \ldots n$ folgt, daß $u_{ij} = 0$ für $i < j$.

Die Transformation U ist also die Einheitstransformation, die beiden Matrizen (a_{ij}) und (b_{ij}) sind identisch. Damit ist der Beweis von Hilfssatz 6 vollständig.

§ 9. Wie in [7] definieren wir für $k \geq 1$ die zahlentheoretische Funktion $\rho_n(k)$ ($n \geq 1$) durch

$$\rho_1(k) = 1$$
$$\rho_n(k) = \sum_{d|k} d^{n-1} \cdot \rho_{n-1}\left(\frac{k}{d}\right) \tag{7}$$

Hilfssatz 7:

Sei $r \neq 0$. Dann ist die Anzahl der Äquivalenzklassen mit $d(E) = r$ gegeben durch $\rho_n(|r|)$.

Hilfssatz 7 ist Lemma 4 in [7].

Beweis:

Nach Hilfssatz 6 haben wir zu zeigen, daß es $\rho_n(|k|)$ verschiedene $n \times n$-Matrizen mit Determinante k gibt, die (1) bis (4) erfüllen. Wir verwenden vollständige Induktion nach n.

Für $n = 1$ ist die Behauptung richtig, die $n \times n$-Matrix ist in diesem Fall die Zahl k. Angenommen, Hilfssatz 7 gelte für $n - 1$. Es liege eine $n \times n$-Matrix vor, die (1) bis (4) erfüllt. Wegen (2) muß gelten:

$$a_{nn}/k$$
$$a_{11} \cdot a_{22} \ldots a_{n-1, n-1} = \frac{k}{a_{nn}}$$

wobei a_{nn} alle positiven Teiler von k durchläuft. Für ein festes a_{nn} gibt es nach (4) a_{nn}^{n-1} Möglichkeiten für die Wahl von $a_{1n}, a_{2n}, \ldots a_{n-1, n}$ und $\rho_{n-1}\left(\frac{|k|}{a_{nn}}\right)$ Möglichkeiten für die $(n-1) \times (n-1)$-Matrix (a_{ij}) $(i, j = 1, 2, \ldots n-1)$.

Daher gibt es

$$\rho_n(|k|) = \sum_{d|k} d^{n-1} \cdot \rho_{n-1}\left(\left|\frac{k}{d}\right|\right)$$

verschiedene $n \times n$-Matrizen, die (1) bis (4) erfüllen.

Hilfssatz 8:

Für $m < n$ gilt

$$\sum_{r=1}^{\infty} \frac{\rho_m(r)}{r^n} = \prod_{j=0}^{m-1} \zeta(n-j) \qquad (8)$$

wie in [7] ohne Beweis angegeben wird.

Beweis:

durch vollständige Induktion nach m.

Angenommen, es sei $m < n$ und $\sum_{r=1}^{\infty} \frac{\rho_{m-1}(r)}{r^n} = \prod_{j=0}^{m-2} \zeta(n-j)$.

Dann gilt: $\sum_{r=1}^{\infty} \frac{\rho_m(r)}{r^n} = \sum_{r=1}^{\infty} \frac{1}{r^n} \cdot \sum_{d|r} d^{m-1} \cdot \rho_{m-1}\left(\frac{r}{d}\right)$

$$= \sum_{r=1}^{\infty} \sum_{d|r} \frac{d^{m-1}}{d^n} \cdot \frac{\rho_{m-1}\left(\dfrac{r}{d}\right)}{\left(\dfrac{r}{d}\right)^n} = \sum_{d=1}^{\infty} \frac{1}{d^{n-m+1}} \cdot \sum_{d'=1}^{\infty} \frac{\rho_{m-1}(d')}{d'^n}$$

$$= \zeta(n-m+1) \cdot \prod_{j=0}^{m-2} \zeta(n-j)$$

In der Einleitung wurden die zahlentheoretischen Funktionen $p_n(k)$ und $\pi_n(k)$ angegeben, die für $n \geq 1$, $k \geq 1$ definiert sind durch

$$p_1(k) = \begin{cases} 1 & \text{falls } k = 1. \\ 0 & \text{falls } k > 1. \end{cases}$$

$$p_n(k) = \sum_{d|k} \varphi(d) \cdot \frac{k}{d} \cdot p_{n-1}\left(\frac{k}{d}\right) \qquad (9)$$

$$\pi_1(k) = \begin{cases} 1 & \text{falls } k = 1. \\ 0 & \text{falls } k > 1. \end{cases}$$

$$\pi_n(k) = \sum_{d|k} p_n(d) \cdot \pi_{n-1}\left(\frac{k}{d}\right) \qquad (10)$$

$\varphi(d)$ in (9) ist die Eulersche φ-Funktion.

Hilfssatz 9:

Gegeben sei $g > 0$, $k \neq 0$.

Dann ist $p_n(g)$ die Anzahl der primitiven Gitterpunkte im R_n mit ganzzahligen Koordinaten $u_1, u_2, \ldots u_n$, für die gilt

$$u_n = g$$
$$1 \leq u_i \leq g \text{ für } i = 1, 2, \ldots n-1.$$

$\pi_n(|k|)$ ist die Anzahl der primitiven Äquivalenzklassen E mit $d(E) = k$.

Beweis:

Zunächst wird die erste Behauptung durch vollständige Induktion nach n gezeigt. Die einzigen primitiven Gitterpunkte im R_1 sind die Punkte mit den Koordinaten $+1$ oder -1. Für $n = 1$ ist also die Behauptung richtig.

Angenommen, die Behauptung sei richtig für $n-1$. Bei gegebenem $u_n = g$ sollen $u_2, u_3, \ldots u_{n-1}$ alle Zahlen $1, 2, \ldots g$ durchlaufen. Als u_1 sollen in jedem Fall alle Werte gewählt werden, für die $d(u_1, u_2, \ldots u_n) = 1$ ist.

Sei d' ein Teiler von g. Nach Induktionsannahme gibt es $p_{n-1}\left(\dfrac{g}{d'}\right)$ Vektoren $(u_2, \ldots u_n)$ mit $d(u_2, \ldots u_n) = d'$, da diese Bedingung gleichwertig ist mit $d\left(\dfrac{u_2}{d'}, \ldots \dfrac{u_n}{d'}\right) = 1$.

Ist $d(u_2, \ldots u_n) = d'$, dann ist u_1 so zu wählen, daß $d(u_1, d') = 1$. Für diese Wahl von u_1 gibt es $\varphi(d')$ Möglichkeiten, wenn $1 \leq u_1 \leq d'$ sein soll. Insgesamt gibt es also für $1 \leq u_1 \leq g$ $\varphi(d') \cdot \dfrac{g}{d'}$ Möglichkeiten, u_1 so zu wählen, daß $d(u_1, u_2, \ldots u_n) = 1$. d' durchläuft alle Teiler von g, die Anzahl der primitiven Gitterpunkte im R_n, welche die Bedingungen des Hilfssatzes erfüllen, ist gegeben durch

$$p_n(g) = \sum_{d|g} \varphi(d) \cdot \frac{g}{d} \cdot p_{n-1}\left(\frac{g}{d}\right)$$

Die zweite Behauptung von Hilfssatz 9 ist ähnlich zu zeigen wie Hilfssatz 7. Wieder benützen wir vollständige Induktion nach n.

Für $n = 1$ ist die Behauptung richtig, die $n \times n$-Matrix ist in diesem Fall die Zahl k, und wir können annehmen, die Behauptung gelte für $n-1$. Ist (a_{ij}) eine primitive $n \times n$-Matrix (das ist eine Matrix, die eine primitive Äquivalenzklasse repräsentiert) mit $\det(a_{ij}) = k$, die (1) bis (6) erfüllt, dann muß wegen (2) gelten:

$$a_{11} a_{22} \ldots a_{n-1,\,n-1} = \genfrac{}{}{0pt}{}{a_{nn}/k}{\dfrac{k}{a_{nn}}}$$

a_{nn} durchläuft alle Teiler von k.

Für ein festes a_{nn} gibt es nach (4) und der schon bewiesenen Behauptung des Hilfssatzes $p_n(a_{nn})$ Möglichkeiten für die Wahl von $a_{1n}, a_{2n}, \ldots a_{n-1,\,n}$ und nach Induktionsannahme $\pi_{n-1}\left(\dfrac{|k|}{a_{nn}}\right)$ Möglichkeiten für die Wahl der $(n-1) \times (n-1)$-Matrix (a_{ij}) $(i,j = 1, 2, \ldots n-1)$.

Es gibt daher

$$\pi_n(|k|) = \sum_{d|k} p_n(d) \cdot \pi_{n-1}\left(\left|\frac{k}{d}\right|\right)$$

verschiedene primitive $n \times n$-Matrizen, mit det $(a_{ij}) = k$, die (1) bis (6) erfüllen.

Hilfssatz 10:

Sei $n \geq 2$, $1 \leq r < n$. Dann gilt:

$$\sum_{k=1}^{\infty} \frac{p_r(k)}{k^n} = \frac{\zeta(n-r+1)}{\zeta(n)} \tag{11}$$

$$\sum_{k=1}^{\infty} \frac{\pi_r(k)}{k^n} = \frac{\prod_{j=0}^{r-1} \zeta(n-j)}{\zeta(n)^r} \tag{12}$$

Beweis:

durch vollständige Induktion nach r.

$$\sum_{k=1}^{\infty} \frac{p_1(k)}{k^n} = \sum_{k=1}^{\infty} \frac{\pi_1(k)}{k^n} = 1$$

Angenommen, (11) sei richtig für $r-1$. Dann erhalten wir für $r < n$:

$$\sum_{k=1}^{\infty} \frac{p_r(k)}{k^n} = \sum_{k=1}^{\infty} \frac{1}{k^n} \cdot \sum_{d|k} \varphi(d) \cdot \frac{k}{d} \cdot p_{r-1}\left(\frac{k}{d}\right)$$

$$= \sum_{k=1}^{\infty} \sum_{d|k} \frac{\varphi(d)}{d^n} \cdot \frac{p_{r-1}\left(\frac{k}{d}\right)}{\left(\frac{k}{d}\right)^{n-1}} = \sum_{d=1}^{\infty} \frac{\varphi(d)}{d^n} \cdot \sum_{d'=1}^{\infty} \frac{p_{r-1}(d')}{d'^{n-1}}$$

$$= \frac{\zeta(n-1)}{\zeta(n)} \cdot \frac{\zeta(n-1-r+2)}{\zeta(n-1)} = \frac{\zeta(n-r+1)}{\zeta(n)}$$

da nach Induktionsannahme

$$\sum_{d'=1}^{\infty} \frac{p_{r-1}(d')}{d'^{n-1}} = \frac{\zeta(n-1-r+2)}{\zeta(n-1)}$$

und nach [3], Satz 288 für $n > 2$ gilt:

$$\sum_{d=1}^{\infty} \frac{\varphi(d)}{d^n} = \frac{\zeta(n-1)}{\zeta(n)}$$

Damit ist (11) gezeigt. Der Beweis von (12) verläuft ähnlich.

Angenommen, (12) sei richtig für $r-1$. Dann erhalten wir auf Grund der Induktionsannahme und wegen (11):

$$\sum_{k=1}^{\infty} \frac{\pi_r(k)}{k^n} = \sum_{k=1}^{\infty} \frac{1}{k^n} \cdot \sum_{d|k} p_r(d) \cdot \pi_{r-1}\left(\frac{k}{d}\right)$$

$$= \sum_{k=1}^{\infty} \sum_{d|k} \frac{p_r(d)}{d^n} \cdot \frac{\pi_{r-1}\left(\frac{k}{d}\right)}{\left(\frac{k}{d}\right)^n} = \sum_{d=1}^{\infty} \frac{p_r(d)}{d^n} \cdot \sum_{d'=1}^{\infty} \frac{\pi_{r-1}(d')}{d'^n}$$

$$= \frac{\zeta(n-r+1)}{\zeta(n)} \cdot \frac{\prod_{j=0}^{r-2} \zeta(n-j)}{\zeta(n)^{r-1}}$$

§ 10. Für die folgenden Abschätzungen brauchen wir

Hilfssatz 11:

Für $n \geq 0$, $p \geq 1$ gilt

$$\sum_{j=1}^{p} j^n = \frac{(p+\alpha)^{n+1}}{n+1} \quad \text{wobei } 0 \leq \alpha < 1 \tag{13}$$

Beweis:

Wir werden zeigen, daß

$$\frac{p^{n+1}}{n+1} \leq \sum_{j=1}^{p} j^n < \frac{(p+1)^{n+1}}{n+1}$$

$$(p+1)^{n+1} - 1 = \sum_{j=1}^{p} [(j+1)^{n+1} - j^{n+1}]$$

$$= \sum_{j=1}^{p} \left\{ \binom{n+1}{1} j^n + \binom{n+1}{2} j^{n-1} + \ldots + \binom{n+1}{n} j + 1 \right\}$$

$$= (n+1) \cdot \sum_{j=1}^{p} j^n + \binom{n+1}{2} \cdot \sum_{j=1}^{p} j^{n-1} + \ldots$$

Also $(p+1)^{n+1} - 1 \geq (n+1) \cdot \sum_{j=1}^{p} j^n$

Um zu zeigen, daß $\dfrac{p^{n+1}}{n+1} \leq \sum_{j=1}^{p} j^n$, benützen wir vollständige Induktion nach p.

Für $p = 1$ gilt: $\dfrac{1^{n+1}}{n+1} \leq 1^n$ für $n \geq 0$.

Es sei $\dfrac{p^{n+1}}{n+1} \leq \sum_{j=1}^{p} j^n$. Dann gilt

$$\frac{(p+1)^{n+1}}{(n+1)} \leq \frac{p^{n+1}}{n+1} + (p+1)^n \leq \sum_{j=1}^{p+1} j^n$$

Die zweite Ungleichung folgt direkt aus der Induktionsannahme. Es genügt daher zu zeigen:

$$(p+1)^{n+1} \leq p^{n+1} + (n+1)(p+1)^n,$$

$$p^{n+1} + \binom{n+1}{1} p^n + \binom{n+1}{2} p^{n-1} + \ldots + \binom{n+1}{n} p + 1$$

$$\leq p^{n+1} + (n+1) p^n + (n+1) \binom{n}{1} p^{n-1} + \ldots + (n+1) \binom{n}{n-1} p + n + 1$$

Das ist aber richtig wegen

$$(n+1)\binom{n}{j} \geq \binom{n+1}{j+1} \text{ für } j \geq 1, n \geq 0.$$

Hilfssatz 12:

Für $n \geq 2$ gilt

$$\sum_{k=1}^{s} \rho_n(k) = \frac{s^n}{n} \prod_{j=2}^{n} \zeta(j) + 0(s^{n-1} \cdot \log s) \tag{14}$$

Hilfssatz 12 ist eine Verallgemeinerung von Satz 323 in [3], der besagt, daß

$$\sum_{k=1}^{s} \sigma(k) = \sum_{k=1}^{s} \rho_2(k) = \frac{s^2}{2} \cdot \zeta(2) + 0(s \cdot \log s)$$

Beweis:

durch vollständige Induktion nach n.

Für $n = 2$ ist die Behauptung richtig nach dem zitierten Satz 323 aus [3]. Wir nehmen an, daß (14) für $n-1$ gilt und formen die Summe um wie folgt:

$$\sum_{k=1}^{s} \rho_n(k) = \sum_{k=1}^{s} \sum_{d|k} d^{n-1} \cdot \rho_{n-1}\left(\frac{k}{d}\right)$$

$$= \sum_{d \cdot d' \leq s} d'^{n-1} \cdot \rho_{n-1}(d)$$

Hier ist über alle d und alle d' zu summieren, für die $d \cdot d' \leq s$

$$= \sum_{d=1}^{s} \rho_{n-1}(d) \cdot \sum_{d'=1}^{\left[\frac{s}{d}\right]} d'^{n-1}$$

$\left[\frac{s}{d}\right]$ ist die nächstkleinere ganze Zahl zu $\frac{s}{d}$,

$$\frac{s}{d}-1<\left[\frac{s}{d}\right] \leq \frac{s}{d}$$

Nach (13) ist $\sum_{d'=1}^{\left[\frac{s}{d}\right]} d'^{n-1} = \frac{1}{n} \cdot \left(\left[\frac{s}{d}\right]+\alpha\right)^n = \frac{1}{n}\left(\frac{s}{d}+0(1)\right)^n$,

es gilt also

$$\sum_{d=1}^{s} \rho_{n-1}(d) \cdot \sum_{d'=1}^{\left[\frac{s}{d}\right]} d'^{n-1} = \frac{1}{n} \cdot \sum_{d=1}^{s} \rho_{n-1}(d) \cdot \left(\frac{s}{d}+0(1)\right)^n$$

$$= \frac{s^n}{n} \cdot \sum_{d=1}^{\infty} \frac{\rho_{n-1}(d)}{d^n} - \frac{s^n}{n} \cdot \sum_{d=s+1}^{\infty} \frac{\rho_{n-1}(d)}{d^n}$$

$$+ 0\left\{s^{n-1} \cdot \sum_{d=1}^{s} \frac{\rho_{n-1}(d)}{d^{n-1}} + s^{n-2} \cdot \sum_{d=1}^{s} \frac{\rho_{n-1}(d)}{d^{n-2}}\right. \quad (15)$$

$$\left. \ldots + s \cdot \sum_{d=1}^{s} \frac{\rho_{n-1}(d)}{d} + \sum_{d=1}^{s} \rho_{n-1}(d)\right\}$$

$$\frac{s^n}{n} \cdot \sum_{d=1}^{\infty} \frac{\rho_{n-1}(d)}{d^n} = \frac{s^n}{n} \cdot \prod_{j=2}^{n} \zeta(j)$$

nach Hilfssatz 8, die übrigen Glieder sind nach oben abzuschätzen. Auf Grund der Induktionsannahme ist

$$\sum_{k=1}^{r} \rho_{n-1}(k) = \frac{r^{n-1}}{n-1} \cdot \prod_{j=2}^{n-1} \zeta(j) + 0(r^{n-2} \cdot \log r) = 0(r^{n-1}).$$

Die Abschätzung soll mittels Abelscher partieller Summation durchgeführt werden.

$$\sum_{i=1}^{r} a_i b_i = \sum_{k=1}^{r-1} A_k (b_k - b_{k+1}) + A_r b_r \quad A_k = \sum_{i=1}^{k} a_i$$

Für die Abschätzung von $\sum_{k=1}^{s} \frac{\varrho_{n-1}(k)}{k^m}$ $(1 \leq m \leq n-1)$ wählen wir

$$a_i = \varrho_{n-1}(i), \quad b_i = i^{-m}$$

$$A_k = \sum_{i=1}^{k} \varrho_{n-1}(i) = 0\,(k^{n-1})$$

$$k^{-m} - (k+1)^{-m} = [(k+1)^m - k^m] \cdot k^{-m} \cdot (k+1)^{-m} = 0\,(k^{-m-1})$$

Damit erhalten wir

$$\sum_{k=1}^{s} \frac{\varrho_{n-1}(k)}{k^m} = \sum_{k=1}^{s-1} A_k \cdot [k^{-m} - (k+1)^{-m}] + A_s \cdot s^{-m}$$

$$= \sum_{k=1}^{s-1} 0\,(k^{n-1}) \cdot 0\,(k^{-m-1}) + 0\,(s^{n-m-1})$$

$$= 0\left(\sum_{k=1}^{s-1} k^{n-m-2}\right) + 0\,(s^{n-m-1})$$

Es gilt

$$\sum_{k=1}^{r} k^\alpha \leq \int_{1}^{r+1} x^\alpha \cdot dx \leq \sum_{k=2}^{r+1} k^\alpha \quad \text{für } \alpha \geq 0$$

$$\sum_{k=1}^{r} k^\alpha > \int_{1}^{r+1} x^\alpha \cdot dx > \sum_{k=2}^{r+1} k^\alpha \quad \text{für } \alpha < 0$$

also stets $\sum_{k=1}^{r} k^\alpha = 0\left(\int_{1}^{r+1} x^\alpha \cdot dx\right)$

Das bedeutet für $\alpha \neq -1$:

$$\sum_{k=1}^{r} k^\alpha = 0\,[(r+1)^{\alpha+1}] + 0\,(1) \tag{16}$$

und $\sum_{k=1}^{r} k^{-1} = 0\,[\log(r+1)]$.

Also ist

$$\sum_{k=1}^{s} \frac{\varrho_{n-1}(k)}{k^m} = 0\,(s^{n-m-1}) \text{ für } n-1 > m$$

und

$$\sum_{k=1}^{s} \frac{\varrho_{n-1}(k)}{k^{n-1}} = 0\left(\sum_{k=1}^{s-1} k^{-1}\right) + 0\,(1) = 0\,(\log s).$$

Daraus ergibt sich die Abschätzung des letzten Gliedes in (15):

$$0\left\{s^{n-1} \cdot \sum_{d=1}^{s} \frac{\rho_{n-1}(d)}{d^{n-1}} + \ldots + s \cdot \sum_{d=1}^{s} \frac{\rho_{n-1}(d)}{d} + \sum_{d=1}^{s} \rho_{n-1}(d)\right\}$$
$$= 0\left\{s^{n-1} \cdot 0(\log s) + s^{n-2} \cdot 0(s) + \ldots + s \cdot 0(s^{n-2}) + 0(s^{n-1})\right\}$$
$$= 0(s^{n-1} \cdot \log s)$$

Um den Beweis von Hilfssatz 12 zu vervollständigen, ist noch $s^n \cdot \sum_{k=s+1}^{\infty} \rho_{n-1}(k) \cdot k^{-n}$ abzuschätzen. Zu diesem Zweck wählen wir

$$A_k = \sum_{i=s+1}^{k} \rho_{n-1}(i) = 0(k^{n-1})$$
$$(b_k - b_{k+1}) = k^{-n} - (k+1)^{-n} = 0(k^{-n-1})$$
$$\frac{A_k}{b_k} = 0(k^{-1}), \text{ daher ist } \lim_{k \to \infty} \frac{A_k}{b_k} = 0.$$
$$s^n \cdot \sum_{k=s+1}^{\infty} \rho_{n-1}(k) \cdot k^{-n} = s^n \cdot \sum_{k=s+1}^{\infty} A_k \cdot (b_k - b_{k+1}) =$$
$$= s^n \cdot \sum_{k=s+1}^{\infty} 0(k^{-2}) = s^n \cdot 0\left(\int_{s+1}^{\infty} x^{-2} dx\right) = 0(s^{n-1}).$$

Damit ist Hilfssatz 12 bewiesen.

Hilfssatz 13:

$$\sum_{k=1}^{s} p_2(k) = \sum_{k=1}^{s} \pi_2(k) = \frac{s^2}{2 \cdot \zeta(2)} + 0(s \cdot \log s) \qquad (17)$$

$$\sum_{k=1}^{s} p_n(k) = \frac{s^n}{n \cdot \zeta(n)} + 0(s^{n-1} \cdot \log^2 s) \text{ für } n \geq 3 \qquad (18)$$

$$\sum_{k=1}^{s} \pi_n(k) = \frac{s^n \cdot \prod_{j=2}^{n} \zeta(j)}{n \cdot \zeta(n)^n} + 0(s^{n-1} \cdot \log^3 s) \text{ für } n \geq 3 \qquad (19)$$

(17) ist Satz 330 in [3].

Beweis:

Zunächst wird (18) bewiesen, wobei die Fälle $n = 3$ und $n > 3$ zu unterscheiden sind. Dann soll (19) gezeigt werden.

$$\sum_{k=1}^{s} p_n(k) = \sum_{k=1}^{s} \sum_{d|k} \varphi(d) \cdot \frac{k}{d} \cdot p_{n-1}\left(\frac{k}{d}\right) = \sum_{d \cdot d' \leq s} \varphi(d) \cdot d' \cdot p_{n-1}(d')$$

$$= \sum_{d=1}^{s} \varphi(d) \cdot \sum_{d'=1}^{\left[\frac{s}{d}\right]} p_{n-1}(d') \cdot d' \quad (20)$$

Zuerst ist in (20) die innere Summe abzuschätzen.

$$\sum_{k=1}^{r} p_{n-1}(k) \cdot k = r \cdot A_r - \sum_{k=1}^{r-1} A_k \text{ mit } A_k = \sum_{i=1}^{k} p_{n-1}(i) \quad (21)$$

Sei nun $n = 3$:

$$A_k = \sum_{i=1}^{k} p_2(i) = \frac{k^2}{2 \cdot \zeta(2)} + 0(k \cdot \log k) \text{ nach (17).}$$

$$r \cdot A_r - \sum_{k=1}^{r-1} A_k = \frac{r^3}{2 \cdot \zeta(2)} + 0(r^2 \cdot \log r) - \sum_{k=1}^{r-1} \frac{k^2}{2 \cdot \zeta(2)}$$

$$- 0\left(\sum_{k=1}^{r-1} k \cdot \log k\right)$$

Nach (16) und (13) gilt

$$\sum_{k=1}^{r-1} k \cdot \log k = 0\left(\log r \cdot \sum_{k=1}^{r-1} k\right) = 0(r^2 \cdot \log r)$$

$$\sum_{k=1}^{r-1} \frac{k^2}{2 \cdot \zeta(2)} = \frac{r^3}{3 \cdot 2 \cdot \zeta(2)} + 0(r^2)$$

$$r \cdot A_r - \sum_{k=1}^{r-1} A_k = \frac{r^3}{2 \cdot \zeta(2)} \left(1 - \frac{1}{3}\right) + 0(r^2 \cdot \log r)$$

$$= \frac{r^3}{3 \cdot \zeta(2)} + 0(r^2 \cdot \log r)$$

Wegen $\left[\frac{s}{d}\right]^3 = \frac{s^3}{d^3} + 0\left(\frac{s^2}{d^2}\right)$ ist also

$$\sum_{d'=1}^{\left[\frac{s}{d}\right]} p_2(d') \cdot d' = \frac{s^3}{3 \cdot d^3 \cdot \zeta(2)} + 0\left(\frac{s^2}{d^2} \log s\right)$$

und wir können in (20) einsetzen.

$$\sum_{d=1}^{s} \varphi(d) \cdot \sum_{d'=1}^{\left[\frac{s}{d}\right]} p_2(d') \cdot d' = \sum_{d=1}^{s} \varphi(d) \cdot \left\{ \frac{s^3}{3 \cdot d^3 \cdot \zeta(2)} + 0\left(\frac{s^2}{d^2} \log s\right) \right\}$$

$$= \frac{s^3}{3 \cdot \zeta(2)} \cdot \sum_{d=1}^{\infty} \frac{\varphi(d)}{d^3} - \frac{s^3}{3 \cdot \zeta(2)} \cdot \sum_{d=s+1}^{\infty} \frac{\varphi(d)}{d^3}$$

$$+ 0\left(s^2 \cdot \log s \cdot \sum_{d=1}^{s} \frac{\varphi(d)}{d^2}\right) = \frac{s^3}{3 \cdot \zeta(3)} + 0(s^2 \cdot \log^2 s)$$

da nach Satz 288 in [3] $\sum_{d=1}^{\infty} \frac{\varphi(d)}{d^3} = \frac{\zeta(2)}{\zeta(3)}$

und folgende Abschätzungen möglich sind:

$$\sum_{d=1}^{s} \frac{\varphi(d)}{d^n} = 0\left(\sum_{d=1}^{s} d^{-n+1}\right) = \begin{cases} 0(1) \text{ für } n > 2 \\ 0(\log s) \text{ für } n = 2. \end{cases} \qquad (22)$$

$$\sum_{d=s+1}^{\infty} \frac{\varphi(d)}{d^n} = 0\left(\int_{s+1}^{\infty} x^{-n+1} \cdot dx\right) = 0(s^{-n+2}) \text{ für } n \geq 3. \qquad (23)$$

$$\frac{s^3}{3 \cdot \zeta(2)} \cdot \sum_{d=s+1}^{\infty} \frac{\varphi(d)}{d^3} = 0(s^3 \cdot s^{-1}) = 0(s^2)$$

$$0\left(s^2 \cdot \log s \cdot \sum_{d=1}^{s} \frac{\varphi(d)}{d^2}\right) = 0(s^2 \cdot \log^2 s)$$

Damit ist (18) für $n = 3$ gezeigt, und wir können vollständige Induktion nach n anwenden. Sei (18) richtig für $n - 1$ ($n \geq 4$).

$$\sum_{k=1}^{r} p_{n-1}(k) \cdot k = r \cdot A_r - \sum_{k=1}^{r-1} A_k$$

Aus der Induktionsvoraussetzung folgt

$$A_k = \sum_{i=1}^{k} p_{n-1}(i) = \frac{k^{n-1}}{(n-1) \cdot \zeta(n-1)} + 0(k^{n-2} \cdot \log^2 k)$$

$$r \cdot A_r - \sum_{k=1}^{r-1} A_k = \frac{r^n}{(n-1) \cdot \zeta(n-1)} + 0(r^{n-1} \cdot \log^2 r)$$

$$- \sum_{k=1}^{r-1} \frac{k^{n-1}}{(n-1) \cdot \zeta(n-1)} - 0\left(\sum_{k=1}^{r-1} k^{n-2} \cdot \log^2 k\right)$$

Nach (13) gilt

$$\frac{1}{(n-1)\cdot \zeta(n-1)} \cdot \sum_{k=1}^{r-1} k^{n-1} = \frac{r^n}{n\cdot(n-1)\cdot \zeta(n-1)} + 0(r^{n-1})$$

$$\sum_{k=1}^{r-1} k^{n-2}\cdot \log^2 k = 0\left(\log^2 r \cdot \sum_{k=1}^{r-1} k^{n-2}\right) = 0(r^{n-1}\cdot \log^2 r)$$

und wir erhalten

$$\sum_{k=1}^{r} p_{n-1}(k)\cdot k = \frac{r^n}{\zeta(n-1)}\cdot [(n-1)^{-1} - n^{-1}(n-1)^{-1}]$$
$$+ 0(r^{n-1}\cdot \log^2 r)$$
$$= \frac{r^n}{n\cdot \zeta(n-1)} + 0(r^{n-1}\cdot \log^2 r)$$

Für (20) ergibt sich also

$$\sum_{d=1}^{s} \varphi(d)\cdot \sum_{d'=1}^{\left[\frac{s}{d}\right]} p_{n-1}(d')\cdot d'$$

$$= \sum_{d=1}^{s} \varphi(d)\cdot \left\{\left[\frac{s}{d}\right]^n \cdot \frac{1}{n\cdot \zeta(n-1)} + 0\left(\left[\frac{s}{d}\right]^{n-1}\cdot \log^2\left[\frac{s}{d}\right]\right)\right\}$$

$$= \sum_{d=1}^{s} \varphi(d)\cdot \left\{\frac{s^n}{d^n}\cdot \frac{1}{n\cdot \zeta(n-1)} + 0\left(\frac{s^{n-1}}{d^{n-1}}\log^2 s\right)\right\}$$

$$= \frac{s^n}{n\cdot \zeta(n-1)}\cdot \sum_{d=1}^{\infty} \frac{\varphi(d)}{d^n} - \frac{s^n}{n\cdot \zeta(n-1)}\cdot \sum_{d=s+1}^{\infty} \frac{\varphi(d)}{d^n}$$
$$+ 0\left(s^{n-1}\cdot \log^2 s \cdot \sum_{d=1}^{s} \frac{\varphi(d)}{d^{n-1}}\right)$$

$$= \frac{s^n}{n\cdot \zeta(n-1)}\cdot \frac{\zeta(n-1)}{\zeta(n)} + 0\left(s^n \cdot \sum_{d=s+1}^{\infty} \frac{\varphi(d)}{d^n}\right)$$
$$+ 0\left(s^{n-1}\cdot \log^2 s \cdot \sum_{d=1}^{s} \frac{\varphi(d)}{d^{n-1}}\right) = \frac{s^n}{n\cdot \zeta(n)} + 0(s^{n-1}\cdot \log^2 s)$$

Denn nach (22) und (23) gilt für $n \geq 4$:

$$s^n \sum_{d=s+1}^{\infty} \frac{\varphi(d)}{d^n} = O(s^n \cdot s^{-n+2}) = O(s^2)$$

$$s^{n-1} \cdot \log^2 s \cdot \sum_{d=1}^{s} \frac{\varphi(d)}{d^{n-1}} = O(s^{n-1} \cdot \log^2 s)$$

Damit ist (18) vollständig bewiesen. Um (19) zu zeigen, wird zunächst $\sum_{k=1}^{s} \pi_n(k)$ umgeformt.

$$\sum_{k=1}^{s} \pi_n(k) = \sum_{k=1}^{s} \sum_{d|k} p_n(d) \cdot \pi_{n-1}\left(\frac{k}{d}\right)$$

$$= \sum_{d \cdot d' \leq s} p_n(d') \cdot \pi_{n-1}(d) \qquad (24)$$

$$= \sum_{d=1}^{s} \pi_{n-1}(d) \cdot \sum_{d'=1}^{\left[\frac{s}{d}\right]} p_n(d')$$

$$\sum_{d'=1}^{\left[\frac{s}{d}\right]} p_n(d') = \frac{s^n}{d^n \, n \cdot \zeta(n)} + O\left(\frac{s^{n-1}}{d^{n-1}} \cdot \log^2 \frac{s}{d}\right)$$

nach (18) und weil $\left[\frac{s}{d}\right]^n = \frac{s^n}{d^n} + O\left(\frac{s^{n-1}}{d^{n-1}}\right)$

Wir setzen $n \geq 3$ voraus und schließen wie gewöhnlich von $n-1$ auf n.

$$\sum_{d=1}^{s} \pi_{n-1}(d) \cdot \sum_{d'=1}^{\left[\frac{s}{d}\right]} p_n(d')$$

$$= \sum_{d=1}^{s} \pi_{n-1}(d) \cdot \left\{ \frac{s^n}{d^n \cdot n \cdot \zeta(n)} + O\left(\frac{s^{n-1}}{d^{n-1}} \cdot \log^2 \frac{s}{d}\right) \right\}$$

$$= \frac{s^n}{n \cdot \zeta(n)} \cdot \sum_{d=1}^{\infty} \frac{\pi_{n-1}(d)}{d^n} - \frac{s^n}{n \cdot \zeta(n)} \cdot \sum_{d=s+1}^{\infty} \frac{\pi_{n-1}(d)}{d^n}$$

$$+ O\left(s^{n-1} \cdot \sum_{d=1}^{s} \frac{\pi_{n-1}(d)}{d^{n-1}} \cdot \log^2 \frac{s}{d}\right)$$

$$= \frac{s^n \cdot \prod_{j=2}^{n} \zeta(j)}{n \cdot \zeta(n)^n} + 0\left(s^{n-1} \cdot \log^3 s\right)$$

Hier wurden Hilfssatz 10 und die folgenden Abschätzungen verwendet.

$$\sum_{k=1}^{s} \frac{\pi_{n-1}(k)}{k^{n-1}} = \sum_{k=1}^{s-1} A_k \cdot [k^{-n+1} - (k+1)^{-n+1}] + A_s \cdot s^{-n+1}$$

mit $A_k = \sum_{j=1}^{k} \pi_{n-1}(j) = 0(k^{n-1})$ nach der Induktionsannahme

$$= \sum_{k=1}^{s-1} 0(k^{n-1}) \cdot 0(k^{-n}) + 0(s^{n-1}) \cdot s^{-n+1} = 0\left(\sum_{k=1}^{s-1} k^{-1}\right) + 0(1) = 0(\log s)$$

$$0\left(s^{n-1} \cdot \sum_{d=1}^{s} \frac{\pi_{n-1}(d)}{d^{n-1}} \cdot \log^2 \frac{s}{d}\right) = 0\left(s^{n-1} \cdot \log^2 s \cdot \sum_{d=1}^{s} \frac{\pi_{n-1}(d)}{d^{n-1}}\right)$$

$$= 0(s^{n-1} \cdot \log^3 s)$$

$$\sum_{d=s+1}^{\infty} \frac{\pi_{n-1}(d)}{d^n} = \sum_{k=s+1}^{\infty} A_k \cdot [k^{-n} - (k+1)^{-n}]$$

mit $A_k = \sum_{i=s+1}^{k} \pi_{n-1}(i) = 0(k^{n-1})$

$$= \sum_{k=s+1}^{\infty} 0(k^{n-1}) \cdot 0(k^{-n-1}) = 0(s^{-1})$$

$A_k \cdot k^{-n} = 0(k^{-1})$, daher ist $\lim_{k \to \infty} A_k \cdot k^{-n} = 0$.

$$\frac{s^n}{n \cdot \zeta(n)} \cdot \sum_{d=s+1}^{\infty} \frac{\pi_{n-1}(d)}{d^n} = 0\left(s^n \cdot \sum_{d=s+1}^{\infty} \frac{\pi_{n-1}(d)}{d^n}\right) = 0(s^{n-1})$$

Damit ist (19) gezeigt und der Beweis von Hilfssatz 13 beendet.

§ 11. Definition:

$$\tau_n(t) = t \cdot \sum_{k \geq t} \frac{\varrho_n(k)}{k^{n+1}} \quad \text{für } t \geq 0 \qquad (25)$$

$$\omega_n(t) = t \cdot \sum_{k \geq t} \frac{\pi_n(k)}{k^{n+1}} \quad \text{für } t \geq 0 \qquad (26)$$

240 Andreas Schwald

Hilfssatz 14:

$$\tau_n(t) = \prod_{j=2}^{n} \zeta(j) + O(t^{-1} \cdot \log t) \tag{27}$$

$$\omega_n(t) = \zeta(n)^{-n} \cdot \prod_{j=2}^{n} \zeta(j) + O(t^{-1} \cdot \log^3 t) \tag{28}$$

Beweis:

Wir benützen Satz 421 aus [3]:

Es sei $c_1, c_2, c_3, \ldots$ eine Zahlenfolge mit der Eigenschaft, daß

$$c_j = 0 \text{ für } j < n_1, \quad C(s) = \sum_{n \leq s} c_n$$

$f(x)$ sei eine Funktion von x mit stetiger Ableitung für $x \geq n_1$. Dann gilt

$$\sum_{n \leq s} c_n \cdot f(n) = C(s) \cdot f(s) - \int_{n_1}^{s} C(x) \cdot f'(x) \, dx$$

In unserem Fall wählen wir

$$f(x) = x^{-n-1}, \quad -f'(x) = (n+1) \cdot x^{-n-2}$$

$$c_j = \begin{cases} 0 & \text{für } j < t \\ \rho_n(j) & \text{für } j \geq t \end{cases}$$

$$C(s) = \sum_{t \leq k \leq s} \rho_n(k) = n^{-1}(s^n - t^n) \cdot \prod_{j=2}^{n} \zeta(j) + O(s^{n-1} \cdot \log s)$$

Wegen $C(s) = O(s^n)$ ist $\lim_{s \to \infty} C(s) \cdot s^{-n-1} = 0$.

$$\sum_{k \geq t} \frac{\rho_n(k)}{k^{n+1}} = \int_{t}^{\infty} n^{-1} \cdot (s^n - t^n) \cdot \prod_{j=2}^{n} \zeta(j) \cdot (n+1) \cdot s^{-n-2} \, ds$$

$$+ O\left(\int_{t}^{\infty} (n+1) \cdot s^{-n-2} \cdot s^{n-1} \cdot \log s \, ds\right)$$

$$= \prod_{j=2}^{n} \zeta(j) \cdot n^{-1} \cdot (n+1) \cdot \int_{t}^{\infty} (s^{-2} - t^n \cdot s^{-n-2}) \, ds$$

$$+ O\left(\int_{t}^{\infty} s^{-3} \cdot \log s \, ds\right) = t^{-1} \cdot \prod_{j=2}^{n} \zeta(j) + O(t^{-2} \cdot \log t)$$

Denn es gilt

$$\int_t^\infty (s^{-2} - t^n \cdot s^{-n-2})\,ds = -s^{-1} + (n+1)^{-1} \cdot t^n \cdot s^{-n-1} \Big|_t^\infty$$
$$= n \cdot (n+1)^{-1} \cdot t^{-1}$$
$$\int_t^\infty \log s \cdot s^{-3}\,ds = 2 \cdot t^{-2} \cdot \log t + 2 \cdot \int_t^\infty s^{-3}\,ds$$
$$= 0\,(t^{-2} \cdot \log t)$$

Der Beweis von (28) verläuft analog:

$$c_j = \begin{cases} 0 & \text{für } j < t \\ \pi_n(j) & \text{für } j \geq t \end{cases} \qquad f(x) = x^{-n-1}$$

$$C(s) = \sum_{t \leq k \leq s} \pi_n(k) = n^{-1} \cdot (s^n - t^n) \cdot \zeta(n)^{-n} \cdot \prod_{j=2}^n \zeta(j) + 0\,(s^{n-1} \cdot \log^3 s)$$

$$\int_t^\infty s^{-3} \cdot \log^3 s\,ds = 2 \cdot t^{-2} \cdot \log^3 t + 2 \cdot \int_t^\infty s^{-3} \cdot \log^2 s\,ds$$
$$= 0\,(t^{-2} \cdot \log^3 t)$$

$$\sum_{k \geq t} \frac{\pi_n(k)}{k^{n+1}} = \int_t^\infty n^{-1} \cdot (s^n - t^n) \cdot \zeta(n)^{-n} \cdot \prod_{j=2}^n \zeta(j) \cdot (n+1) \cdot s^{-n-2}\,ds$$
$$+ 0\left(\int_t^\infty s^{-3} \cdot \log^3 s\,ds\right)$$
$$= t^{-1} \cdot \zeta(n)^{-n} \cdot \prod_{j=2}^n \zeta(j) + 0\,(t^{-2} \cdot \log^3 t)$$

§ 12. Für den weiteren Verlauf der Überlegungen benötigen wir zwei bekannte Sätze, die als Hilfssätze zitiert werden sollen.

Hilfssatz 15:

S sei eine Lebesgue-meßbare Menge im R_n mit charakteristischer Funktion $\varrho(X)$ und Volumen V. Wir bezeichnen mit $\|X_1, X_2, \ldots X_n\|$ den absoluten Betrag der $n \times n$-Determinante, deren Zeilenvektoren $X_1, X_2, \ldots X_n$ sind. Dann gilt für jede nichtnegative, monoton nicht ansteigende Funktion $\chi(t)$, die für $t \geq 0$ definiert ist und deren Integral $\int_0^8 \chi(t)\,dt$ konvergiert:

$$\int \ldots \int \rho(X_1) \ldots \rho(X_n) \cdot \chi(\|X_1, X_2, \ldots X_n\|) \, dX_1 \ldots dX_n \qquad (29)$$
$$\leq n \cdot 2^n \cdot \int_0^\infty \chi(t) \, dt \cdot V^{n-1}$$

Hilfssatz 15 wurde als Satz 3 in [8] bewiesen.

Hilfssatz 16:

Ist S eine Borelmenge mit charakteristischer Funktion $\rho(X)$ und E eine Äquivalenzklasse mit $d(E) = k$, dann gilt:

$$\int_F \sum [(g_1, \ldots g_n) \in E] \rho(A g_1) \rho(A g_2) \ldots \rho(A g_n) \, d\mu(A)$$
$$= |k|^{-n+1} \cdot \prod_{j=2}^n \zeta(j)^{-1} \cdot \int \ldots \int \int \ldots \int \rho(X_1) \ldots \rho(X_{n-1}) \qquad (30)$$
$$\times \rho(t_1 X_1 + \ldots + t_{n-1} X_{n-1} + k X) \, dt_1 \ldots dt_{n-1} \, dX_1 \ldots dX_{n-1}$$

Dabei ist $(X_1, \ldots X_{n-1})$ ein $(n-1)$-tupel von linear unabhängigen Punkten im R_n, $X = X(X_1, \ldots X_{n-1})$ ist so gewählt, daß die Determinante $|X_1, \ldots X_{n-1}, X| = 1$. tX bedeutet den Punkt mit Koordinaten $t x_i$ ($i = 1, \ldots n$). Das Integral auf der rechten Seite von (30) ist unabhängig von der speziellen Wahl des Punktes X.

Hilfssatz 16 wurde als Satz 3 in [7] bewiesen.

Als unmittelbare Folgerungen aus Hilfssatz 16 und Hilfssatz 7 bzw. Hilfssatz 9 erhalten wir

$$\int_F \sum \begin{bmatrix} g_1 \ldots g_n \in \Lambda \\ \text{lin. unabh.} \end{bmatrix} \rho(A g_1) \ldots \rho(A g_n) \, d\mu(A)$$
$$= \sum_{k \neq 0} \frac{\rho_n(|k|)}{|k|^{n-1}} \cdot \prod_{j=2}^n \zeta(j)^{-1} \cdot \int \ldots \int \int \ldots \int \rho(X_1) \ldots \rho(X_{n-1}) \qquad (31)$$
$$\times \rho(t_1 X_1 + \ldots + t_{n-1} X_{n-1} + k X) \, dt_1 \ldots dt_{n-1} \, dX_1 \ldots dX_{n-1}$$

$$\int_F \sum \begin{bmatrix} g_1 \ldots g_n \in \Lambda \\ \text{lin. unabh.} \\ \text{primitiv} \end{bmatrix} \rho(A g_1) \ldots \rho(A g_n) \, d\mu(A)$$
$$= \sum_{k \neq 0} \frac{\pi_n(|k|)}{|k|^{n-1}} \cdot \prod_{j=2}^n \zeta(j)^{-1} \cdot \int \ldots \int \int \ldots \int \rho(X_1) \ldots \rho(X_{n-1}) \qquad (32)$$
$$\times \rho(t_1 X_1 + \ldots + t_{n-1} X_{n-1} + k X) \, dt_1 \ldots dt_{n-1} \, dX_1 \ldots dX_{n-1}$$

(31) ist Satz 4 in [7], (32) die in der Einleitung angegebene Formel.

Satz 3:

Wir definieren I_1 und I_1^* durch

$$I_1 = \int_0^1 \nu^n \left\{ \int_F \sum \begin{bmatrix} g_1 \ldots g_n \in \Lambda \\ \text{lin. unabh.} \end{bmatrix} \rho(\nu^{1/n} A g_1) \ldots \rho(\nu^{1/n} A g_n) d\mu(A) \right\} d\nu$$

$$I_1^* = \int_0^1 \nu^n \left\{ \int_F \sum \begin{bmatrix} g_1 \ldots g_n \in \Lambda \\ \text{lin. unabh.} \\ \text{primitiv} \end{bmatrix} \rho(\nu^{1/n} A g_1) \ldots \rho(\nu^{1/n} A g_n) d\mu(A) \right\} d\nu$$

und schreiben lg V als Abkürzung für max $(1, \log V)$. Dann gilt:

$$|I_1 - V^n| \leq c_1 \cdot V^{n-1} \cdot \lg^2 V \tag{33}$$

$$|I_1^* - V^n \cdot \zeta(n)^{-n}| \leq c_2 \cdot V^{n-1} \cdot \lg^4 V \tag{34}$$

Beweis:

Aus (31) erhalten wir

$$I_1 = \prod_{j=2}^n \zeta(j)^{-1} \cdot \int_0^1 \nu^n \sum_{k \neq 0} \frac{\rho_n(|k|)}{|k|^{n-1}} \left\{ \int \ldots \int \int \ldots \int \rho(\nu^{1/n} X_1) \ldots \rho(\nu^{1/n} X_{n-1}) \right.$$
$$\times \rho(t_1 \nu^{1/n} X_1 + \ldots + t_{n-1} \nu^{1/n} X_{n-1} + k \nu^{1/n} X) dt_1 \ldots dt_{n-1}$$
$$\left. \times dX_1 \ldots dX_{n-1} \right\} d\nu$$

Zunächst substituieren wir $\nu^{1/n} X_i = Y_i$ für $i = 1, \ldots n-1$.

$dX_i = \nu^{-1} dY_i$ wegen $\dfrac{dy_{i1}}{dx_{i1}} \ldots \dfrac{dy_{in}}{dx_{in}} = (\nu^{1/n})^n$

Weiter wählen wir $\nu^{-\frac{n-1}{n}} X = Y$. Das ergibt

$$I_1 = \prod_{j=2}^n \zeta(j)^{-1} \cdot \int_0^1 \nu^n \sum_{k \neq 0} \frac{\rho_n(|k|)}{|k|^{n-1}} \left\{ \int \ldots \int \int \ldots \int \rho(Y_1) \ldots \rho(Y_{n-1}) \right.$$
$$\times \rho(t_1 Y_1 + \ldots + t_{n-1} Y_{n-1} + \nu k Y) dt_1 \ldots dt_{n-1} dY_1 \ldots dY_{n-1}$$
$$\left. \times \nu^{-n+1} \right\} d\nu$$

Nun setzen wir $t = k \cdot \nu$, $dt = k \cdot d\nu$.

Wegen $0 \leq \nu \leq 1$ liegt t für ein festes k im Intervall zwischen 0 und k. Integrieren wir $\int_{-\infty}^{+\infty} dt$, dann geben für ein bestimmtes t nur jene k einen Beitrag zum Integranden, für die $k \geq |t|$. Wir haben also $\sum_{k \neq 0}$ durch $\sum_{k \geq |t|}$ zu ersetzen und erhalten

$$I_1 = \prod_{j=2}^{n} \zeta(j)^{-1} \cdot \int_{-\infty}^{+\infty} |t| \sum_{k \geq |t|} \frac{\rho_n(k)}{k^{n+1}} \Big\{ \int \ldots \int \int \ldots \int \rho(Y_1) \ldots \rho(Y_{n-1})$$
$$\times \rho(t_1 Y_1 + \ldots + t_{n-1} Y_{n-1} + tY) \, dt_1 \ldots dt_{n-1} dY_1 \ldots dY_{n-1} \Big\} dt$$

$$= \prod_{j=2}^{n} \zeta(j)^{-1} \cdot \int dY_1 \ldots \int dY_{n-1} \int_{-\infty}^{+\infty} dt_1 \ldots \int_{-\infty}^{+\infty} dt_{n-1} \int_{-\infty}^{+\infty} dt$$

$$|t| \cdot \sum_{k \geq |t|} \frac{\rho_n(k)}{k^{n+1}} \cdot \rho(Y_1) \ldots \rho(Y_{n-1}) \cdot \rho(t_1 Y_1 + \ldots + t_{n-1} Y_{n-1} + tY)$$

$$= \prod_{j=2}^{n} \zeta(j)^{-1} \cdot \int \ldots \int \rho(X_1) \ldots \rho(X_n) \cdot \tau_n(\|X_1 \ldots X_n\|) \, dX_1 \ldots dX_n$$

da nach (25) $\tau_n(t) = t \cdot \sum_{k \geq t} \rho_n(k) \cdot k^{-n-1}$ für $t \geq 0$ und
$\|X_1, \ldots X_n\| = \|Y_1, \ldots Y_{n-1}, t_1 Y_1 + \ldots + t_{n-1} Y_{n-1} + tY\|$
$= |t| \cdot \|Y_1, \ldots Y_{n-1}, Y\| = |t|$.

Wir definieren I_2 durch

$$I_2 = \prod_{j=2}^{n} \zeta(j)^{-1} \cdot \int \ldots \int \rho(X_1) \ldots \rho(X_n) \Big\{ \tau_n(\|X_1 \ldots X_n\|) - \prod_{j=2}^{n} \zeta(j) \Big\}$$
$$\times dX_1 \ldots dX_n$$

$$I_1 = V^n + I_2 \tag{35}$$

I_2 ist abzuschätzen. Nach Hilfssatz 14 gilt

$$|\tau_n(t) - \prod_{j=2}^{n} \zeta(j)| \leq \max(c_3, c_4 \cdot t^{-1} \cdot \log t).$$

Sei $V \leq 10$. Dann gibt es eine Konstante c_5, so daß

$$I_2 \leq c_3 \cdot V^n < c_5 \cdot V^{n-1}. \tag{36}$$

Ist $V > 10$, dann setzen wir

$$\chi(t) = \begin{cases} c_3 & \text{falls } t < 10 \cdot \log^{-1} 10 \\ c_4 \cdot t^{-1} \cdot \log t & \text{falls } \dfrac{10}{\log 10} \leq t < \dfrac{V}{\log V} \\ 0 & \text{falls } t \geq V \cdot \log^{-1} V \end{cases}$$

$$\int_0^\infty \chi(t)\,dt = \int_0^{\frac{10}{\log 10}} c_3\,dt + \int_{\frac{10}{\log 10}}^{\frac{V}{\log V}} c_4 \cdot t^{-1} \log t\,dt$$

$$= c_3 \cdot 10 \cdot \log^{-1} 10 + c_4 \cdot \frac{1}{2} \cdot \log^2 t \Big|_{\frac{10}{\log 10}}^{\frac{V}{\log V}} \leq c_6 \cdot \log^2 V$$

$\chi(t)$ ist nichtnegativ und monoton nicht ansteigend, erfüllt also alle Voraussetzungen von Hilfssatz 15. Für $0 \leq t < V \cdot \log^{-1} V$ gilt außerdem

$$\chi(t) \geq |\tau_n(t) - \prod_{j=2}^n \zeta(j)|. \tag{37}$$

Für $\|X_1, \ldots X_n\| \geq V \cdot \log^{-1} V$ ist

$$\left| \tau_n(\|X_1, \ldots X_n\|) - \prod_{j=2}^n \zeta(j) \right| \leq c_4 \cdot \frac{\log(V \cdot \log^{-1} V)}{V \cdot \log^{-1} V} < c_4 \cdot V^{-1} \cdot \log^2 V$$

und daher, wenn über alle $X_1, \ldots X_n$ integriert wird, für die $\|X_1, \ldots X_n\| \geq V \cdot \log^{-1} V$

$$I'_2 = \prod_{j=2}^n \zeta(j)^{-1} \cdot \int \ldots \int \rho(X_1) \ldots \rho(X_n) \left\{ \tau_n(\|X_1, \ldots X_n\|) - \prod_{j=2}^n \zeta(j) \right\}$$
$$\times dX_1 \ldots dX_n$$
$$< c_7 \cdot V^{-1} \log^2 V \cdot \int \ldots \int \rho(X_1) \ldots \rho(X_n)\,dX_1 \ldots dX_n$$
$$= c_7 \cdot V^{n-1} \cdot \log^2 V.$$

Daraus und aus (37) und Hilfssatz 15 folgt

$I_2 < \int \ldots \int \rho(X_1) \ldots \rho(X_n) \cdot \chi(\|X_1 \ldots X_n\|) \, dX_1 \ldots dX_n$
$+ c_7 \cdot V^{n-1} \cdot \log^2 V \leq c_8 \cdot V^{n-1} \cdot \log^2 V.$

Diese Ungleichung, (35) und (36) beweisen (33). Der Beweis von (34) verläuft ähnlich. Aus (32) erhalten wir

$$I_1^* = \int_0^1 v^n \left\{ \int_F \sum \begin{bmatrix} g_1 \ldots g_n \in \Lambda \\ \text{lin. unabh.} \\ \text{primitiv} \end{bmatrix} \rho(v^{1/n} A g_1) \ldots \rho(v^{1/n} A g_n) \, d\mu(A) \right\} dv$$

$$= \prod_{j=2}^n \zeta(j)^{-1} \int_0^1 v^n \cdot \sum_{k \neq 0} \frac{\pi_n(|k|)}{|k|^{n-1}} \cdot \left\{ \int \ldots \int \int \ldots \int \rho(v^{1/n} X_1) \ldots \rho(v^{1/n} X_{n-1}) \right.$$

$$\left. \times \rho(t_1 v^{1/n} X_1 + \ldots + v^{1/n} \cdot t_{n-1} X_{n-1} + k v^{1/n} X) \, dt_1 \ldots dt_{n-1} \, dX_1 \ldots dX_{n-1} \right\} dv$$

Wieder substituieren wir $v^{1/n} X_i = Y_i$ für $i = 1, \ldots n-1$, $t = k \cdot v$ und wählen Y so, daß $v^{-\frac{n+1}{n}} X = Y$. Das ergibt wie im ersten Teil des Beweises

$$I_1^* = \prod_{j=2}^n \zeta(j)^{-1} \cdot \int_{-\infty}^{+\infty} |t| \cdot \sum_{k \geq |t|} \frac{\pi_n(k)}{k^{n+1}} \cdot \left\{ \int \ldots \int \int \ldots \int \rho(Y_1) \ldots \rho(Y_{n-1}) \right.$$

$$\left. \times \rho(t_1 Y_1 + \ldots + t_{n-1} Y_{n-1} + t Y) \, dt_1 \ldots dt_{n-1} \, dX_1 \ldots dX_{n-1} \right\} dt$$

$$= \prod_{j=2}^n \zeta(j)^{-1} \cdot \int \ldots \int \rho(X_1) \ldots \rho(X_n) \cdot \omega_n(\|X_1 \ldots X_n\|) \, dX_1 \ldots dX_n$$

Wir definieren I_2^* durch

$$I_2^* = \prod_{j=2}^n \zeta(j)^{-1} \cdot \int \ldots \int \rho(X_1) \ldots \rho(X_n) \cdot \left\{ \omega_n(\|X_1 \ldots X_n\|) - \zeta(n)^{-n} \right.$$

$$\left. \times \prod_{j=2}^n \zeta(j) \right\} dX_1 \ldots dX_n$$

und erhalten analog zu (35)

$$I_1^* = V^n \cdot \zeta(n)^{-n} - I_2^* \tag{38}$$

Nach Hilfssatz 14 gilt

$$\left|\omega_n(t) - \prod_{j=2}^{n} \zeta(j) \cdot \zeta(n)^{-n}\right| \leq \max(c_9, c_{10} \cdot t^{-1} \cdot \log^3 t)$$

und für $V \leq 10$ analog zu (36)

$$I_2^* \leq c_9 \cdot V^n < c_{11} \cdot V^{n-1} \tag{39}$$

Ist $V > 10$, dann setzen wir

$$\chi^*(t) = \begin{cases} c_9 & \text{falls } t < 10 \cdot \log^{-1} 10 \\ c_{10} \cdot t^{-1} \cdot \log^3 t & \text{falls } \dfrac{10}{\log 10} \leq t < \dfrac{V}{\log V} \\ 0 & \text{falls } t \geq V \cdot \log^{-1} V \end{cases}$$

$$\int_0^\infty \chi^*(t)\, dt = \int_0^{\frac{10}{\log 10}} c_9\, dt + \int_{\frac{10}{\log 10}}^{\frac{V}{\log V}} c_{10} \cdot t^{-1} \cdot \log^3 t\, dt$$

$$= c_9 \cdot 10 \cdot \log^{-1} 10 + \frac{1}{4} \log^4 t \cdot c_{10} \Bigg|_{\frac{10}{\log 10}}^{\frac{V}{\log V}} \leq c_{12} \cdot \log^4 V$$

Auch $\chi^*(t)$ erfüllt die Voraussetzungen von Hilfssatz 15 und für $0 \leq t < V \cdot \log^{-1} V$ gilt

$$\chi^*(t) \geq \left|\omega_n(t) - \zeta(n)^{-n} \cdot \prod_{j=2}^{n} \zeta(j)\right| \tag{40}$$

Für $\|X_1, \ldots X_n\| \geq V \cdot \log^{-1} V$ haben wir

$$\left|\omega_n(\|X_1, \ldots X_n\|) - \zeta(n)^{-n} \cdot \prod_{j=2}^{n} \zeta(j)\right| \leq c_{10} \cdot \frac{\log^3(V \cdot \log^{-1} V)}{V \cdot \log^{-1} V}$$
$$< c_{13} \cdot V^{-1} \cdot \log^4 V$$

und daher, wenn über die $X_1, \ldots X_n$ integriert wird, für die $\|X_1, \ldots X_n\| \geq V \cdot \log^{-1} V$

$$I_2^{*\prime} = \prod_{j=2}^{n} \zeta(j)^{-1} \cdot \int \ldots \int \rho(X_1) \ldots \rho(X_n)$$
$$\times \{\omega_n(\|X_1 \ldots X_n\|) - \zeta(n)^{-n} \cdot \prod_{j=2}^{n} \zeta(j)\} \, dX_1 \ldots dX_n$$
$$< c_{13} \cdot V^{-1} \cdot \log^4 V \cdot \int \ldots \int \rho(X_1) \ldots \rho(X_n) \, dX_1 \ldots dX_n$$
$$= c_{13} \cdot V^{n-1} \cdot \log^4 V.$$

Mit Hilfe dieser Ungleichung sowie mit Hilfssatz 15 und (40) erhalten wir
$$I_2^* < \int \ldots \int \rho(X_1) \ldots \rho(X_n) \cdot \chi^*(\|X_1 \ldots X_n\|) \, dX_1 \ldots dX_n$$
$$+ c_{13} \cdot V^{n-1} \cdot \log^4 V$$
$$\leq c_{14} \cdot V^{n-1} \cdot \log^4 V.$$

Diese Abschätzung, (38) und (39) beweisen (34).

Um Satz 2 aus [8] zu verallgemeinern, wäre eine Formel für das asymptotische Verhalten von $D(AS)$, $E(AS)$ und $F(AS)$ für $k = \dfrac{n}{2}$ zu finden. Bei Anwendung der Methoden, die beim Beweis von Satz 1 zum Ziel führten, wäre das Ergebnis von Satz 3 so wie für $k < \dfrac{n}{2}$ der Siegelsche Mittelwertsatz anzuwenden. Wie sich herausstellte, gibt es kein Analogon zu Hilfssatz 1 für $k = n$. Das Integral

$$\int_F \sum \left[\begin{array}{c} g_1 \ldots g_n \in \Lambda \\ \text{lin. abhängig} \end{array}\right] \rho(A g_1) \ldots \rho(A g_n) \, d\mu(A)$$

ist im allgemeinen divergent. In [9], Seite 167, wird dafür folgendes Beispiel gegeben: S sei ein symmetrischer Sternkörper im R_2.

$$\int_F \sum \left[\begin{array}{c} g_1, g_2 \in \Lambda \\ \text{lin. abhängig} \end{array}\right] \rho(A g_1) \cdot \rho(A g_2) \, d\mu(A)$$
$$\geq \int_F \sum \left[\begin{array}{c} g_1, g_2 \in \Lambda, \neq 0, g_1 \neq g_2 \\ \text{lin. abhängig} \end{array}\right] \rho(A g_1) \cdot \rho(A g_2) \, d\mu(A)$$
$$= 2 \cdot \int_F \sum_{q=1}^{\infty} \sum_{\substack{-q < r < q \\ (r,q)=1}} \sum_{g \in \Lambda} \rho(Ag) \cdot \rho\left(\frac{r}{q} Ag\right) d\mu(A)$$
$$= 4 \cdot \sum_{q=1}^{\infty} \frac{\varphi(q)}{q^2} \cdot \int \rho(X) \, dX = 4V \cdot \sum_{q=1}^{\infty} \frac{\varphi(q)}{q^2}.$$
$$\sum_{q=1}^{\infty} \frac{\varphi(q)}{q^2} \text{ ist divergent.}$$

Literatur

[1] Cassels: „An introduction to the geometry of numbers." Springer Grundlehren Bd. **99**.
[2] Gantmacher: „Matrizenrechnung I." Deutscher Verlag d. Wissenschaften, Hochschulbücher für Math. Bd. **36**.
[3] Hardy-Wright: „An introduction to the theory of numbers." 4. Aufl. Oxford 1959.
[4] Macbeath-Rogers: „Siegels mean value theorem in the geometry of numbers." Proc. Cambridge Philos. Soc. Bd. **54** (1958).
[5] Rogers: „Mean values over the space of lattices." Acta Math. Bd. **94** (1955).
[6] Schmidt: „On the convergence of mean values over lattices." Canadian J. Math. Bd. **10** (1958).
[7] — „Mittelwerte über Gitter I, II." Monatsh. f. Math. Bd. **61** (1957) und Bd. **62** (1958).
[8] — „A metrical theorem in geometry of numbers." Transactions American Math. Soc. Bd. **95** (1960).
[9] — „Maßtheorie in der Geometrie der Zahlen." Acta Math. Bd. **102** (1959).
[10] Siegel: „A mean value theorem in geometry of numbers." Annals of Math. Bd. **46** (1945).

MIX
Papier aus verantwortungsvollen Quellen
Paper from responsible sources
FSC® C105338

If you have any concerns about our products,
you can contact us on
ProductSafety@springernature.com

In case Publisher is established outside the EU,
the EU authorized representative is:
**Springer Nature Customer Service Center GmbH
Europaplatz 3, 69115 Heidelberg, Germany**

Printed by Libri Plureos GmbH
in Hamburg, Germany